建筑装饰设计

主　编　黄纬维　伍江华　高欣怡
副主编　梁庆国　李　莉　宋丰轩
参　编　梁　桃　杨　靖　龚宏博
　　　　许业进　李天军　陆桂良

北京理工大学出版社
BEIJING INSTITUTE OF TECHNOLOGY PRESS

内容提要

本书以室内设计专业基础知识及施工图绘制与识读、效果图制作技术为基础，根据设计师的实际工作流程和工作内容来组织内容进行编写。全书共分为7个模块，主要内容包括：建筑装饰设计概述、室内空间组织设计、室内空间界面设计、室内色彩材料选配、室内空间照明设计、室内软装设计落地、室内装饰预算编制。

本书可作为高等院校建筑室内设计专业、建筑装饰工程技术专业、环境艺术设计等相关专业的教材，也可作为建筑装饰与室内设计行业技术人员、管理人员继续教育与培训参考用书。

版权专有　侵权必究

图书在版编目（CIP）数据

建筑装饰设计 / 黄纬维，伍江华，高欣怡主编．
北京：北京理工大学出版社，2025.1.
ISBN 978-7-5763-4766-1

Ⅰ．TU238

中国国家版本馆 CIP 数据核字第 2025KG6806 号

责任编辑：封　雪　　　　　　**文案编辑**：毛慧佳
责任校对：刘亚男　　　　　　**责任印制**：王美丽

出版发行 / 北京理工大学出版社有限责任公司
社　　址 / 北京市丰台区四合庄路6号
邮　　编 / 100070
电　　话 /（010）68914026（教材售后服务热线）
　　　　　（010）63726648（课件资源服务热线）
网　　址 / http://www.bitpress.com.cn
版 印 次 / 2025年1月第1版第1次印刷
印　　刷 / 河北鑫彩博图印刷有限公司
开　　本 / 787 mm×1092 mm　1/16
印　　张 / 12.5
字　　数 / 295千字
定　　价 / 78.00元

图书出现印装质量问题，请拨打售后服务热线，负责调换

前言

现阶段，随着人们消费观念的迅速改变和对精神生活的不断追求，室内设计的生活体验正越来越受到广泛推崇，室内设计行业也成为了买房和室内装修的热点，人们对于室内居住空间设计也提出了更高的要求。高等职业院校室内设计及建筑装饰工程技术专业作为培养我国建筑装饰行业从业人员的主阵地，为了能尽快培养出更多更好且适应现代装饰行业需要的技术人才，教材建设便显得尤为重要。目前，市面上已有的建筑装饰设计类相关教材，或内容过于笼统，或过于偏重理论，或虽具有一定实务性但理论内容过于繁杂，少有体现高等职业院校学生的学习特点和认知规律。此外，现有的教材由于少有真正体现"以设计（岗位工作）过程为导向"，也缺少企业人员的直接参与，使实际教学的组织过程与实际项目的设计实施过程结合得不太紧密。

为使内容能紧贴建筑装饰设计工作实际，本书编写时充分遵循"校企合作""产教融合"的编写理念。本书主要有以下几个特点：

（1）本书根据高等职业院校学生的学习特点和认知规律编写，具有较强的实务性；

（2）真正遵循"以设计（岗位工作）过程为导向"的编写目标编写，以国家标准为基础，以职业岗位为导向，让企业人员参与书稿编写，更好地依托实际工程案例，注重职业能力的培养，呈现一体化的教学，紧跟行业新技术、新材料、新工艺；

（3）本书内容面向专业核心岗位设计师（助理），集谈单、设计、3D 制图、CAD 绘图及材料工艺等专业知识技能的综合应用；

（4）本书内容基本能够满足学生对于"1+X"室内设计证书的考证需求，符合"三教改革"的要求，符合行业标准及规范的要求，适合课证融通课程使用。

与本书配套使用的电子教学资源附件，读者可通过扫描右侧二维码获取。

本书由广西电力职业技术学院黄纬维、伍江华和高欣怡担任主编，梁庆国、李莉和宋丰轩担任副主编。具体分工为：模块一、二、七由黄纬维编写，许业进参与编写模块七，模块三由梁桃、李天军编写，模块四由伍江华、杨靖编写，模块五由龚宏博编写，模块六由高欣怡编写。梁庆国、李莉、宋丰轩负责组织编写及全书整体统稿工作。此外,上海紫苹果装饰有限公司南宁分公司资深设计师陆桂良为各模块提供了工程案例等多方面资料。

由于编者水平有限,加之编写时间仓促,书中难免存在疏漏之处,望广大读者批评指正。

编　者

目录

模块 1　建筑装饰设计概述 ··· 001
  1.1　建筑装饰设计的含义 ·· 002
    1.1.1　建筑装饰设计的概念 ··· 002
    1.1.2　建筑装饰设计与其他领域关系 ··· 003
    1.1.3　建筑装饰设计的分类 ··· 003
  1.2　建筑装饰设计风格及发展趋势 ·· 003
    1.2.1　中国传统建筑装饰设计特征 ·· 003
    1.2.2　中国传统建筑装饰设计八大元素 ··· 005
    1.2.3　国外建筑装饰特点及发展 ··· 008
    1.2.4　当代建筑装饰设计风格 ·· 010
    1.2.5　建筑装饰的发展趋势 ··· 013
  1.3　建筑装饰设计的内容和阶段 ··· 014
    1.3.1　建筑装饰设计的内容 ··· 014
    1.3.2　建筑装饰设计的要素 ··· 014
    1.3.3　建筑装饰设计的阶段 ··· 015
  1.4　建筑装饰设计项目准备 ··· 016
    1.4.1　量房及环境勘察 ··· 016
    1.4.2　设计方案洽商 ·· 021
  1.5　建筑装饰设计任务实施 ··· 023
    1.5.1　量房实践任务 ·· 023
    1.5.2　谈单情境模拟 ·· 024

模块 2　室内空间组织设计 ··· 027
  2.1　客户需求分析及动线设计 ·· 028
    2.1.1　客户需求分析 ·· 029

2.1.2　起居动线设计 029

2.2　人体工程学、心理行为学在室内空间规划中的应用 039
- 2.2.1　人体工程学打造舒适尺度 039
- 2.2.2　建筑心理行为学营造安适氛围 059

2.3　住宅设计户型改造实务 070
- 2.3.1　住宅设计户型改造分析 070
- 2.3.2　住宅设计户型改造任务实施 077

模块3　室内空间界面设计 081

3.1　室内空间界面设计的原则和要求 082
- 3.1.1　室内空间界面的定义 082
- 3.1.2　室内空间界面设计总原则 082
- 3.1.3　室内空间界面设计要求 083

3.2　室内空间类型和处理技巧 083
- 3.2.1　室内空间的类型 083
- 3.2.2　室内空间组织的处理手法 086

3.3　侧界面的设计与优化 095
- 3.3.1　侧界面装饰设计作用 095
- 3.3.2　侧界面设计原则 095
- 3.3.3　侧界面设计形式 096
- 3.3.4　侧界面材料选择 097
- 3.3.5　侧界面设计参考 098

3.4　顶界面的设计与优化 101
- 3.4.1　顶界面装饰设计作用 101
- 3.4.2　顶界面设计原则 102
- 3.4.3　顶界面设计形式 102

3.5　底界面的设计与优化 107
- 3.5.1　底界面装饰设计作用 107
- 3.5.2　底界面设计原则 107
- 3.5.3　底界面设计形式 107
- 3.5.4　底界面材料选择 108
- 3.5.5　底界面设计参考 110

3.6　空间界面设计项目实践 112
- 3.6.1　任务描述 112

   3.6.2 评价考核标准 ··· 114

模块 4 室内色彩材料选配 117

  4.1 室内色彩设计基本概念 ··· 118
    4.1.1 色彩的基础知识 ··· 118
    4.1.2 空间色彩设计 ·· 123
    4.1.3 空间色彩设计项目实践 ·· 129
  4.2 室内装饰材料选配 ·· 131
    4.2.1 室内空间常用材料 ·· 131
    4.2.2 室内设计物料手册 ·· 132
    4.2.3 室内设计物料选配实践 ·· 133

模块 5 室内空间照明设计 137

  5.1 室内照明基础 ·· 138
    5.1.1 室内照明的作用 ··· 138
    5.1.2 室内照明的种类 ··· 139
    5.1.3 室内照明的布局方式 ··· 140
    5.1.4 室内照明的方式 ··· 141
    5.1.5 常用照明术语 ·· 144
    5.1.6 常用光源 ··· 148
    5.1.7 常用灯具选择 ·· 149
  5.2 室内照明设计实践准备 ··· 150
    5.2.1 室内照明设计的原则与程序 ·· 150
    5.2.2 居住空间室内照明布光方法 ·· 152
  5.3 空间照明设计项目实践 ··· 157
    5.3.1 任务描述 ··· 157
    5.3.2 评价考核标准 ·· 158

模块 6 室内软装设计落地 160

  6.1 软装全案设计落地工作流程 ··· 161
    6.1.1 软装设计思路及原则 ··· 161
    6.1.2 软装全案设计落地的工作流程 ···································· 163
  6.2 软装全案设计落地系统方法 ··· 164

　　　　6.2.1　沟通阶段 …………………………………………………………………… 164
　　　　6.2.2　准备阶段 …………………………………………………………………… 167
　　　　6.2.3　概念设计阶段 ………………………………………………………………… 169
　　　　6.2.4　软装报价清单制作 …………………………………………………………… 171
　　　　6.2.5　软装深化设计执行流程 ……………………………………………………… 173
　　　　6.2.6　软装摆场 ……………………………………………………………………… 174

模块 7　室内装饰预算编制 …………………………………………………………… 177

7.1　市场主要装修方式 …………………………………………………………………… 178
　　　　7.1.1　包清工 ………………………………………………………………………… 178
　　　　7.1.2　半包 …………………………………………………………………………… 178
　　　　7.1.3　包工包料 ……………………………………………………………………… 179
　　　　7.1.4　套餐 …………………………………………………………………………… 179
　　　　7.1.5　整装 …………………………………………………………………………… 179
7.2　住宅装饰工程的项目构成 …………………………………………………………… 180
7.3　住宅装饰预算计价方式 ……………………………………………………………… 180
　　　　7.3.1　传统的住宅装饰预算计价方式 ……………………………………………… 180
　　　　7.3.2　装饰公司常用预算计价方式 ………………………………………………… 182
7.4　住宅装饰装修工程量计算方法与公式 ……………………………………………… 184
　　　　7.4.1　墙面涂乳胶漆用量 …………………………………………………………… 184
　　　　7.4.2　地砖铺贴用量 ………………………………………………………………… 184
　　　　7.4.3　地板铺贴数量 ………………………………………………………………… 185
　　　　7.4.4　涂料、油漆用量 ……………………………………………………………… 185
　　　　7.4.5　墙面砖铺贴数量 ……………………………………………………………… 186
　　　　7.4.6　刷油漆面面积 ………………………………………………………………… 186
　　　　7.4.7　吊顶工程量 …………………………………………………………………… 187
　　　　7.4.8　顶棚板材用量 ………………………………………………………………… 187
　　　　7.4.9　壁纸、地毯用料 ……………………………………………………………… 187
7.5　住宅装饰工程预算编制任务实施 …………………………………………………… 188
　　　　7.5.1　任务描述 ……………………………………………………………………… 188
　　　　7.5.2　评价考核标准 ………………………………………………………………… 190

参考文献 …………………………………………………………………………………… 192

模块 1　建筑装饰设计概述

学习情境

当客户/业主来到装饰设计公司，或者你在楼盘驻点提供咨询及装饰设计服务的时候，作为装饰设计公司工作人员（设计师助理/家装顾问/市场部业务员），应该如何与他们接洽？

课前思考

1. 现在市场流行的建筑装饰风格有哪些？
2. 你觉得设计项目从和客户接洽到落地要经过哪些工作流程？
3. 为什么已经有开发商或售楼部提供的户型图，还要去现场量房？
4. 设计师一定要学会谈单吗？

知识目标

1. 理解建筑装饰设计的概念和分类。
2. 掌握建筑装饰设计的一般程序。
3. 了解并区分常见建筑装饰风格。
4. 了解建筑装饰设计的发展趋势。
5. 掌握量房及环境勘察的方法技巧。
6. 熟悉谈单的流程和基本方法。

能力目标

1. 能够将建筑装饰设计的一般程序运用到室内外空间设计中。
2. 能够辨识区分不同的建筑装饰风格特点及适用人群。
3. 能够进行设计项目的准备工作，包括量房、环境勘察及谈单等基本工作。

📋 素养目标

1. 通过实训室使用、工地安全规范及行业安全规范学习，学生可以树立规范意识、安全意识。
2. 通过量房实践，学生可以具备团队协作能力及精益求精的工匠精神。
3. 通过谈单及方案洽商，学生可以具备沟通能力，提升以人为本的服务意识。
4. 通过量房实践及谈单情境模拟，学生可以具备发现、思考、解决问题，以及收集信息并进行组织和整理的能力。

✪ 思政元素

1. 规范意识、安全意识。
2. 国家荣誉感、文化自信。
3. 继承并发扬中国传统文化的使命感。
4. 以人为本的服务意识。

💻 本模块重难点

1. 重点：建筑装饰设计的内容和要素；建筑装饰设计的一般程序；量房的工作流程及要点；谈单的基本流程。
2. 难点：量房实操及放图；谈单过程中对专业知识的应用及精准定位客户需求。

1.1 建筑装饰设计的含义

1.1.1 建筑装饰设计的概念

建筑装饰设计是根据建筑物的使用性质、所处环境、相应标准，综合运用现代物质、科技和技术手段，创造出功能合理、舒适优美、个性鲜明，并能够满足人们物质和精神需求的室内外空间环境。

简单来说，建筑装饰设计解决的是以下两方面问题。

1. 物理环境设计

物理环境设计包括满足物质需求方面的空间组织设计，改善声、光、热、水、电、暖通等物理环境，以及施工工程技术方面的内容，满足人的生理要求，使生产和生活活动更加安全、舒适、便捷、高效。

2. 精神氛围设计

精神氛围设计包括满足精神需求方面的室内空间的色彩、造型、景观等视觉艺术、环境氛围与意境的创造，文化内涵的体现等方面内容，创造符合现代人审美情趣的、与建筑使用性质相适宜的空间艺术氛围，保障人的心理健康，彰显个性，表现时代精神、历史文脉等。

1.1.2 建筑装饰设计与其他领域关系

建筑设计内容庞杂，门类繁多，专业性强，涵盖了建筑电气设计、建筑结构设计、建筑景观设计、建筑给水排水设计、建筑暖通设计、建筑装饰设计等所有与建筑相关的设计。建筑装饰设计属于建筑设计的一个研究领域，与建筑装潢及建筑装修为包含关系，即建筑装饰设计包含建筑装潢（视觉上的外表修饰）和建筑装修（工程施工）。

1.1.3 建筑装饰设计的分类

根据建筑空间关系的不同，建筑装饰设计可以分为建筑室外装饰设计和建筑室内装饰设计两大部分。其中，建筑室外装饰设计可分为建筑外部装饰设计和建筑外部环境装饰设计；建筑室内装饰设计根据建筑类型及其功能可分为居住建筑室内装饰设计、公共建筑室内装饰设计、工业建筑室内装饰设计和农业建筑室内装饰设计，如图 1-1 所示。本书主要研究居住建筑室内装饰设计及公共建筑室内装饰设计。

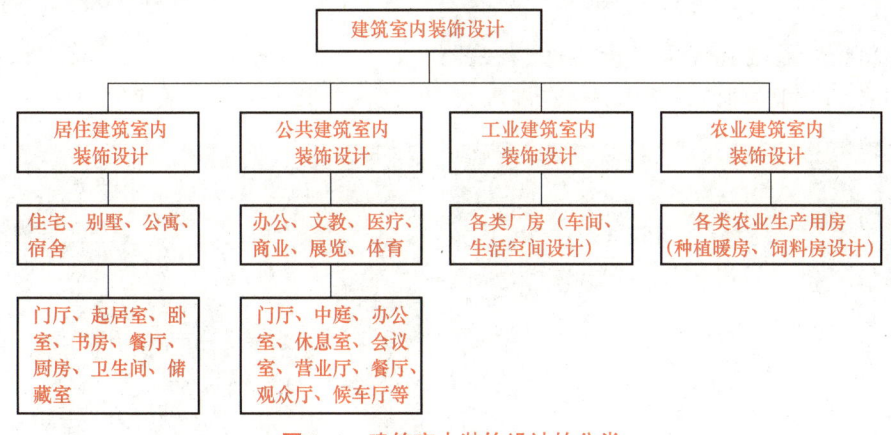

```
                    建筑室内装饰设计
    ┌───────────┬───────────┬───────────┬───────────┐
居住建筑室内      公共建筑室内      工业建筑室内      农业建筑室内
  装饰设计         装饰设计         装饰设计         装饰设计
    │               │               │               │
住宅、别墅、公寓、  办公、文教、医疗、  各类厂房（车间、  各类农业生产用房
  宿舍            商业、展览、体育   生活空间设计）   （种植暖房、饲料房设计）
    │               │
门厅、起居室、卧   门厅、中庭、办公
室、书房、餐厅、   室、休息室、会议
厨房、卫生间、储   室、营业厅、餐厅、
  藏室            观众厅、候车厅等
```

图 1-1 建筑室内装饰设计的分类

1.2 建筑装饰设计风格及发展趋势

1.2.1 中国传统建筑装饰设计特征

中国古代建筑历经原始社会、夏商西周、春秋战国时期、秦汉时期、魏晋南北朝时期、隋唐五代时期、宋辽西夏金时期、元明清时期七个阶段，形成了以木材为主要建筑材料、以木构架为结构方式的独特体系，其卓越的建筑组群布局、特征鲜明的外观形象和建筑装饰方法举世闻名。

中国传统建筑装饰设计的特征主要包括以下几点。

（1）中国传统建筑装饰以木材、砖瓦为主要建筑材料。

（2）中国传统建筑装饰种类繁多，装饰造型形式丰富；装饰图案和材料丰富多彩，主要为彩绘（刷饰、彩画和壁画）、金饰（玉、金属等材料）和雕饰（刻花、浮雕和雕刻品）

三大类。

（3）中国传统建筑室内装饰结构方式以木构架为主，屋顶造型优美、突出，装饰与实用统一，极具民族特色。

（4）中国传统建筑装饰融入中国传统绘画、雕刻、书法、色彩、图案、纹样等不同艺术内容，建筑艺术表现力极强，具有审美价值与政治伦理价值，且成为礼制等级的代表（图1-2～图1-6）。

图1-2　广州陈家祠堂屋脊上的彩绘与雕饰

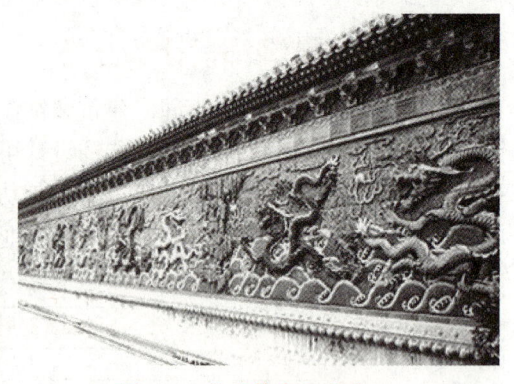

图1-3　北京故宫九龙壁

图1-4　北京故宫檐下龙金饰

图1-5　沈阳故宫饰金龙柱

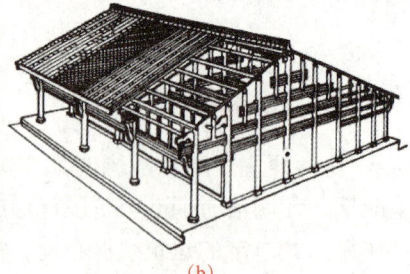

(a)　(b)　(c)

图1-6　中国古代木构架

(a) 抬梁式木构架；(b) 穿斗式木构架；(c) 井干式木构架

2017年，英国一家电视台的工作人员找到北京故宫博物院工程师，请求帮忙复刻太和殿，想看看中国古建筑的抗震能力，于是就诞生了一部名为《紫禁城的秘密》的纪录片。

在该片中，工程师按照原样复制了一座体积约为寿康宫 1/5 的建筑（图 1-7），并将其放在地震检测仪上，通过不断增加震级且每次持续 30 s 的方式测试它能够坚持到几级。在测试开始的时候，外国记者认为这种建筑不可能扛得住 6 级以上的地震。听到这样的话，我国工程师只能笑而不语，毕竟这种"打脸"的举动，要让外国记者自己领悟。工作人员将地震强度不断增大，4 级、5 级，建筑没有任何问题，到了 6 级、7 级，虽然墙面摇晃得厉害，但建筑结构毫发无损。然后，实验强度进行到 9.5 级和更高强度，这是人类有记载以来最高的地震强度，相当于 200 万吨 TNT 炸药的当量，结果和前面差不多。最后，震级已经是 10.1 级了，现场的所有人都不敢呼吸了，神奇的是，建筑只是发生了轻微的位置偏移，依旧稳稳地立在那里。

图 1-7　纪录片《紫禁城的秘密》中的寿康宫建筑

【思政元素融入达成素质目标】通过中国古建筑案例分析，体会中国古建筑结构的形式美和高质量，激发学生对传统建筑及装饰构件的兴趣和向往，提升国家荣誉感及文化自信心。

1.2.2　中国传统建筑装饰设计八大元素

【思政元素融入达成素质目标】展示中国传统建筑装饰设计八大元素在现代设计当中的提取并融合的案例，激发学生继承发扬中国传统文化的使命感。

中国传统建筑装饰植根于深厚的传统儒家文化当中，讲究"天人合一"的理念，体现在大门、大窗、大进深、大屋檐等设计中，视野开阔，直通外界。中国传统建筑装饰设计的八大元素，充满灵动，有极深的中国烙印。

1. 马头墙

马头墙是徽派建筑的重要特色。高高的马头墙能在相邻的房屋发生火灾时起到隔断作用，故而又名封火墙。马头墙通常是"金印式"或"朝笏式"。显出主人对"读书做官"这一理想的追求。高大封闭的墙体因为马头墙的设计而显得错落有致（图 1-8），不仅体现出"万马奔腾"的动感，也隐喻着整个宗族生气勃勃、兴旺发达。

2. 围合式院落、庭院

庭院是千百年来中国建筑的主要表现形式，以房屋围合的形制装载着中国人的思想观念和审美情趣，这种内向封闭而又温馨舒适的院落空间，曾经滋养培育了一代代中国人的性情和性格，成为最为普遍的传统生活方式。

围合不仅是指物理的保护，而且是建立人与人之间关系的纽带，围合形成独立完整的空间而让人感受到安全感和归属感，既保证了居民私密空间的距离，又去除了因安全而附加的封闭感（图1-9）。

图1-8　马头墙

图1-9　围合式庭院

3. 朱红色大门及镂空花窗

朱红色又称中国红，是一种用不透明朱砂调制成的颜色。宫殿的主色调是金黄色和朱红色，因此，朱红色表示尊贵与权威，而朱红色大门象征着庄重，如图1-10所示。

单纯的高会给人压抑的感受，故在围墙上有镂空雕刻花窗，雕刻图案多采用谐音和暗喻的方式传达吉祥，如雕刻佛手、寿桃暗指"多福多寿"。雕刻图案不仅起着美化装饰的作用，还具有采光通风、防尘、分割空间的功能（图1-10）。

4. 石雕、木雕、砖雕

石雕、木雕、砖雕是古徽州建筑三雕。徽州木雕、石雕、砖雕艺术善于处理原材料本色，既能融入建筑物整体，又能像水墨画一样清新淡雅，特别是木雕艺术，更为古色古香的建筑锦上添花。在青砖上雕刻出人物、山水、花卉等图案是古建筑雕刻中很重要的一种艺术形式，主要用于装饰寺塔、墓室、房屋等建筑物的构件和墙面（图1-11）。粉墙上饰以砖雕、石雕花窗，或放长条石桌、石凳，点缀小品，使建筑、山水、花木融为一体，庭院虽小，颇得园林之趣。石雕、砖雕由于材质坚硬，并未见精妙之处；而木雕将不同类别的东西组合在一起，如人物、花鸟、山水、八宝博古、几何形等共同出现在一个画面上，主次分明，各有各的作用，民间风味浓郁、装饰性强。

图1-10　朱红色大门及镂空花窗

图1-11　砖雕

无论砖雕、石雕、木雕，虽然是住宅和附属在建筑物上的部件，但它们都是一幅幅有主题的画，是一件件完整、独立的艺术品。

5. 坡屋顶

在我国，坡屋顶几乎就是传统建筑的代名词，在传统建筑中占有举足轻重的地位。传统的坡屋顶建筑设计会使宫殿、庙宇等建筑产生雄伟、挺拔、崇高、飞动和灵逸的独特韵味，也会使居民住宅产生亲切、自然和谐的感觉。坡屋顶还兼具夏凉冬暖、不积水、通风等实用的特点，如图1-12所示。

6. 飞檐

飞檐（图1-13）是中国特有的建筑结构。它是中国古代建筑在檐部上的一种特殊处理和创造，常用在亭、台、楼、阁、宫殿、庙宇的转角处。飞檐是指其屋檐上翘，形如飞鸟展翅，轻盈活泼，是中国建筑上民族风格的重要展现之一，也是我国传统建筑檐部形式，屋檐特别是屋角的檐部向上翘起。飞翘的屋檐上往往雕刻避邪祈福灵兽，有麒麟、飞鹤，或为祥云，或是一条活蹦乱跳的鲤鱼，代表着临水而居的亲水文化。

图1-12 坡屋顶

图1-13 飞檐

7. 斗拱

斗拱又称枓栱、斗科，是汉族建筑特有的结构。早在战国时代，斗拱的雏形就出现了。斗拱在唐代发展成熟，后来成为皇族建筑的专用构造。至明清时期，斗拱则更多地承载起装饰作用。图1-14所示为具有极强装饰性的斗拱。

斗拱上承屋顶，下接立柱，在中国古建筑中扮演着顶天立地的角色。因为斗拱的存在，中国古典建筑的屋顶得以出檐深远、呼之欲出。此外，斗拱还是中国古建筑抗震能力的关键所在，如遇地震，在斗拱的起承转合下，建筑体松而不散，如太极般以柔克刚，能化解地震波的冲击。

8. 青砖、黛瓦或粉墙

"粉墙黛瓦"即雪白的墙，青黑的瓦，如图1-15所示。在建筑色彩上，江南民居的粉墙、黛瓦、青砖形成质朴、淡雅的风格，屋盖是青砖，外墙用砖砌，屋顶、屋檐、空

图1-14 斗拱

斗墙、观音兜山脊或是马头墙，形成高低错落的形体结构和粉墙黛瓦、庭院深邃、小桥流水人家的建筑风格，颇具诗情画意。

图 1-15 粉墙黛瓦

1.2.3 国外建筑装饰特点及发展

国外建筑装饰纷繁复杂，各有千秋。按照历史、地域、国别等来分类，可归纳为以下几类：

（1）以砖石为主体材料，属于砖石结构系统，如古希腊的神庙、古罗马的斗兽场、中世纪欧洲的教堂等。

（2）以柱子为主要组成构件，以屋顶为西方民族特色体现。屋顶样式分为希腊式、罗马式、拜占庭式、哥特式、巴洛克式等。

（3）西方建筑装饰都充满宗教神秘主义及权贵意志，突出表现在梁柱与拱券结构、柱子、门窗、墙饰等建筑细件上。

（4）西方建筑装饰材料在使用上比较多样，除砖、木、石外还发明了混凝土等材料，并在建筑装饰型制、艺术和技术方面有所创新。

国外建筑装饰历史主要经历九个阶段，各阶段的特征见表 1-1。

表 1-1 国外建筑装饰特征

序号	阶段	特征	例子
1	古埃及时期	古埃及建筑多为宫殿和陵墓、石材、浮雕、家具，施以色彩或镶嵌象牙和金银	卡纳克阿蒙神庙 [图 1-16（a）]
2	古代西亚时期	巴比伦时期建筑以土为基材，如土墙、土坯砖、烧砖、面砖及彩色玻璃砖	新巴比伦伊什达城门 [图 1-16（b）]
3	古希腊时期	古希腊三种柱式（多立克、爱奥尼、科林斯）发展定型、雕刻精美，形成一种建筑规范和风格	古希腊雅典卫城 [图 1-17（a）]
4	古罗马时期	古罗马时期建筑重视空间的层次、形体与组合，并发展券柱式，建筑类型丰富	古罗马庞贝古城 [图 1-17（b）]

续表

序号	阶段	特征	例子
5	欧洲中世纪时期	欧洲中世纪时期多为宗教建筑：拜占庭、罗马式、哥特式	米兰大教堂 [图1-18（a）]
6	文艺复兴时期	文艺复兴时期建筑外观呈现简洁明快的直线形式、几何造型，铸铁饰件等用于室内	圣彼得大教堂 [图1-18（b）]
7	巴洛克时期	巴洛克时期建筑华丽、怪诞，金银珠宝的奢华装饰，强调空间层次，追求动感变化	圣卡罗教堂 [图1-19（a）]
8	洛可可时期	洛可可建筑在18世纪20年代出现于法国，并流行于欧洲。其是在巴洛克式的基础上发展起来的，纯装饰性风格，纤弱娇媚、华丽精巧、甜腻温柔、纷繁琐细	贝尔维第宫 [图1-19（b）]
9	新古典主义时期	18世纪下半叶至19世纪末，欧洲建筑盛行新古典主义，提倡自然、简洁、理性，几何造型为主要装饰形式	艾斯特剧院 （图1-20）

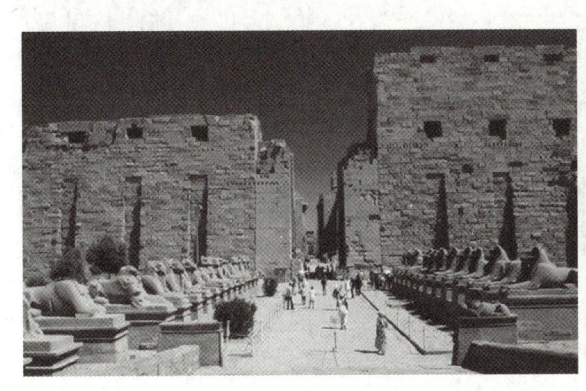

(a)　　　　　　　　　　　　　　　　　(b)

图1-16　卡纳克阿蒙神庙和新巴比伦伊什达城门

(a) 卡纳克阿蒙神庙；(b) 新巴比伦伊什达城门

(a)　　　　　　　　　　　　　　　　　(b)

图1-17　古希腊雅典卫城和古罗马庞贝古城

(a) 古希腊雅典卫城；(b) 古罗马庞贝古城

(a)　　　　　　　　　　　　　　　　　(b)

图 1-18　米兰大教堂和圣彼得大教堂
(a) 米兰大教堂；(b) 圣彼得大教堂

(a)　　　　　　　　　　　　　　　　　(b)

图 1-19　圣卡罗教堂和贝尔维第宫
(a) 圣卡罗教堂；(b) 贝尔维第宫

图 1-20　艾斯特剧院

1.2.4　当代建筑装饰设计风格

室内设计风格是不同的时代思潮和地区特点，通过创作构思和表现，逐渐发展成为具有代表性的室内设计形式。室内设计风格丰富多样，划分方式也不尽相同，大致可以划分成以下五大类型。

1. 传统风格

传统风格（图1-21和图1-22）的室内设计，是在室内布置、线形、色调及家具、陈设的造型等方面吸取传统装饰"形""神"的特征。例如，中式传统风格吸取我国传统木构架建筑室内的藻井天棚、挂落、雀替的构成和装饰，明、清家具造型和款式特征。又如，西方传统风格中的仿罗马风、哥特式、文艺复兴式、巴洛克、洛可可、古典主义等，其中包括仿欧洲英国维多利亚或法国路易式的室内装潢和家具款式。此外，还有日本传统风格、印度传统风格、伊斯兰传统风格、北非城堡风格等。传统风格常给人们以历史延续和地域文脉的感受，让室内环境可以突出民族文化渊源的形象特征。

图1-21　中式传统风格　　　　　　图1-22　日式传统风格

2. 现代风格

现代风格是工业社会的产物，其极力反对从古罗马到洛可可等一系列旧的传统样式，力求创造出适应工业时代精神，独具新意的简化装饰，设计简朴、通俗、清新，更接近人们的生活。其装饰特点是由曲线和非对称线条构成，如花梗、花蕾、葡萄藤、昆虫翅膀，以及自然界各种优美、波状的形体图案等，体现在墙面、栏杆、窗棂和家具等装饰构件上。线条有的柔美雅致，有的遒劲而富于节奏感，整个立体形式都与有条不紊的、有节奏的曲线融为一体。大量使用铁制构件，将玻璃、瓷砖等新工艺，以及铁艺制品、陶艺制品等综合运用于室内。设计时应注意室内外沟通，竭力给室内装饰艺术引入新意（图1-23和图1-24）。

图1-23　现代简约风格　　　　　　图1-24　工业风格

3. 自然风格

自然风格倡导"回归自然"，美学上推崇自然、结合自然，才能在当今高科技、高节奏的社会生活中，使人们能取得生理和心理的平衡，因此室内多用木料、织物、石材等天然材料，显示材料的纹理，清新淡雅。此外，由于其宗旨和手法的类同，也可把田园风格归入自然风格一类。田园风格在室内环境中力求表现悠闲、舒畅、自然的田园生活情趣，也常运用天然木、石、藤、竹等材质质朴的纹理。注意需巧于设置室内绿化，以创造自然、简朴、高雅的氛围（图 1-25 和图 1-26）。

图 1-25　法式田园风格　　　　　　　图 1-26　美式乡村风格

4. 后现代风格

后现代风格强调建筑及室内装潢应具有历史的延续性，但又不拘泥于传统的逻辑思维方式，探索创新造型手法，讲究人情味，常在室内设置夸张、变形的柱式和断裂的拱券，或把古典构件的抽象形式以新的手法组合在一起，即采用非传统的混合、叠加、错位、裂变等手法和象征、隐喻等手段，以期创造一种融感性与理性、集传统与现代、揉大众与行家于一体的"亦此亦彼"的建筑形象与室内环境（图 1-27）。

5. 混合风格

近年来，建筑设计和室内设计在总体上呈现多元化、兼容并蓄的状况，在装潢与陈设中融古今中西于一体，例如，传统的屏风、摆设和茶几，配以现代风格的墙面及门窗装修、新型的沙发，以及欧式古典的琉璃灯具和壁面装饰，配以东方传统的家具和埃及的陈设、小品等，形成混合风格。混合风格虽然在设计中不拘一格，运用多种体例，但仍然匠心独具，深入推敲形体、色彩、材质等方面的总体构图和视觉效果（图 1-28）。

图 1-27　后现代风格　　　　　　　图 1-28　混合风格

> 【搜一搜】
>
> 近几年出现了哪些网红装修风格？你喜欢哪种风格？你觉得该风格有什么亮点？

1.2.5 建筑装饰的发展趋势

1. 建筑装饰的科技信息多元化设计

现代化科技、智能型设施与建筑装饰高度结合；建筑装饰设计不仅服务于功能，还通过结合现代技术、材料和工艺等方式融入人文、艺术、自然和生活方式。如图1-29所示，美国西雅图公共图书馆内自动扶梯两侧墙面上的动态影像屏幕时常闪现的动态影像给人营造了一种虚幻诡异、仿佛幻境的氛围。

2. 建筑装饰的生态环保设计

采用生态绿色建材，绿色施工，发展节约、低碳、环保的绿色建筑装饰；结合自然，引入自然的绿色建筑装饰设计理念，倡导生态美学；注重节约资源和循环利用，提倡适度消费，倡导节约型生活方式。如图1-30所示，戈兹美术收藏馆的馆体根据周围环境设计，将树木等的影像反射到玻璃上，好像完全可以融入周围的环境。

图1-29 美国西雅图公共图书馆   图1-30 戈兹美术收藏馆

3. 更加强调文化内涵

21世纪是文化的世纪，越是高度发展的后工业社会、信息社会，人们越是对文化具有更加迫切的需求，而设计也就更强调文化内涵。这就要求设计师在艺术风格、文化品位和美学情趣上要提高到新的层次。

4. 软装艺术，大势所趋

国外的软装规划产业起步较早，现在发展得十分完善。因此，陈设装饰或者是软装搭配规划师在国外比室内规划师／设计师更受重视。

人均住房面积的增加、精装饰房的普及、装饰理念的改动和文化品位的提高，都反映出软装的市场份额将不断增大，专业的软装规划师会越来越抢手的趋势。

出于对环保的需求,"轻硬装,重软装",自 2007 年起,人们在软装和硬装上的资金投入比例大概为 2.5∶1,这表明软装行业正在兴起,软装市场也在快速拓展。

1.3 建筑装饰设计的内容和阶段

1.3.1 建筑装饰设计的内容

建筑室外装饰设计是根据建筑物的造型、设计风格、建筑性质和周边空间环境关系等,遵循建筑美学法则,对建筑立面或建筑局部及建筑外部空间环境进行的装饰设计。

建筑室内装饰设计主要包括室内功能分区与空间组织、空间内含物选配、物理环境设计和界面装饰与环境氛围创造等。

1. 室内功能分区与空间组织

在设计过程中,设计师依据建筑的使用功能、人们的行为模式和活动规律等进行功能分析,合理布置、调整功能区,并通过分隔、渗透、衔接、过渡等设计手法进行空间的组织,使功能更趋合理、交通路线流畅、空间利用率提高、空间效果完善。

2. 空间内含物选配

在设计过程中,设计师依据建筑空间的功能、意境和氛围创造的需求进行家具、陈设以及绿化、小品等内含物的选型与配置。这里所指的空间内含物不仅包括室内空间中的家具、器具、艺术品、生活用品等,也包括室外空间中的室外家具、建筑小品、雕塑、绿化等。

3. 物理环境设计

在设计过程中,设计师对空间的光环境、声环境、热环境等方面按空间的使用功能要求进行规划设计,并充分考虑室内水、电、音响、空调等设备的安装位置,使其布局合理,并尽量改善通风采光条件,提高其保温隔热、隔声能力,降低噪声,控制室内环境温、湿度,改善室内外小气候,以达到使用空间的物理环境指标。

4. 界面装饰与环境氛围创造

在设计过程中,设计师通过对地面、侧界面(墙面或柱面)、顶棚等界面的装饰造型设计,以及材料、构造方法的选择,充分利用界面材料和内含物的色彩及肌理特性,结合不同照明方式带来的光影效果,创造出良好的视觉艺术效果和适宜的环境气氛。

1.3.2 建筑装饰设计的要素

在建筑装饰设计中,设计师需要通过对空间、光影、色彩、陈设、技术等设计要素的综合运用创造出满足不同功能和空间环境要求的建筑空间。

1. 空间要素

空间是建筑装饰设计的主导要素。空间由点、线、面、体等基本要素构成,通过界面进行构筑和限定,从而表现出一定的空间形态、容积、尺度、比例和相互关系。在装饰设计过程中,设计师通过对室内外空间进行组织调整和再创造,使空间功能更完善,让人们使用起来更加方便,也让居住环境更加适宜。

2. 光影要素

光影也是建筑装饰设计中的重要构成要素。光分为自然光和人工光（人工照明）两部分。自然光及其所形成的阴影，可使建筑的体量、质感、色彩等更加强烈与丰富；可使建筑室内充满生机与活力。随着现代照明技术的发展，人工照明不但能提供良好的光照条件，更能利用光的表现力及光影效果，增加空间层次，丰富空间内容，强化空间装饰风格，渲染空间气氛。

3. 色彩要素

色彩是装饰设计中最生动、最活跃的因素，最具视觉冲击力。人们通过视觉感受而产生生理和心理方面的感知效应，进而形成丰富的联想、深刻的寓意和象征。色彩存在的基本条件有光源、物体、人的眼睛及视觉系统。有了光才有色彩，光和色彩是密不可分的，而且色彩还必须与界面、家具、陈设、绿化等搭配。

4. 陈设要素

在建筑空间中，陈设品用量大、内容丰富，与人的活动息息相关，甚至经常与人们"亲密"接触，如灯具、电器、玩具、工艺品等。陈设品造型多变、风格突出、装饰性极强，容易引起视觉关注，在烘托环境气氛、强化设计风格等方面起着举足轻重的作用。

5. 技术要素

日新月异的装饰材料及相应的构造方法与施工工艺，不断发展的采暖、通风、温湿调节、消防、通信、视听、吸声降噪、节能等技术措施与设备，为改善空间物理环境，创造安全、舒适、健康的空间环境提供技术保障，成为建筑装饰的设计要素之一。

1.3.3 建筑装饰设计的阶段

根据建筑装饰设计的进程，建筑装饰设计通常可以分为四个阶段，即设计准备阶段、方案设计阶段、施工图设计阶段及设计实施阶段。

1. 设计准备阶段

设计准备阶段主要是接受委托任务书，签订合同，或根据标书要求参加投标；明确设计意图、内容、期限并制订设计计划。设计师需要做好以下两个方面的工作。

（1）明确、分析设计任务。设计任务包括物质要求和精神要求，如设计任务的使用性质、功能特点、设计规模、等级标准、总造价和所需创造的环境氛围、艺术风格等。

（2）收集必要的资料和信息。设计师根据设计任务，收集必要的资料和信息，如熟悉相关的设计规范、定额标准；到现场调查踏勘；参观同类型建筑装饰工程实例等。

2. 方案设计阶段

方案设计阶段是在设计准备阶段的基础上，进一步收集、分析和运用与设计任务有关的资料与信息，进行创意设计、方案构思，通过多方案比较和优化选择，确定初步设计方案，再通过对初步设计方案进行调整和深入设计，从而提供方案设计文件。方案设计的文件通常包括以下内容。

（1）平面图（包括家具布置），常用比例为1∶1 000和1∶50。

（2）立面图和剖面图，常用比例为1∶500和1∶20。

（3）顶棚镜像平面图或仰视图，常用比例为1∶1 000和1∶50。

(4）效果图（彩色效果，表现手法不限，比例不限）。
(5）室内装饰材料样板或物料表。
(6）设计说明和造价概算。

方案设计文件需经审定后方可进行施工图设计。

3. 施工图设计阶段

施工图既是设计意图最直接的表达，又是指导工程施工的必要依据，还是编制施工组织计划及概预算、订购材料及设备、进行工程验收及竣工核算的依据。因此，施工图设计就是进一步修改、完善初步设计，与水、电、暖、通等专业协调，并绘制设计图纸。在设计的施工图上要注明尺寸、标高、材料、做法等，还应补充构造点详图、细部大样图，以及水、电、暖通等设备管线图，并编制施工说明和造价预算。

4. 设计实施阶段

在工程的施工阶段，设计人员在施工前应向施工单位进行设计意图说明及图纸的技术交底；工程施工期间，设计人员需按图纸的要求核对施工实况，有时还需根据现场实况提出对图纸的局部修改或补充；施工结束时，设计人员应会同质检部门和建设单位进行工程验收。在工程投入使用后，设计人员还应进行回访，了解使用情况和用户意见。

1.4 建筑装饰设计项目准备

1.4.1 量房及环境勘察

量房是室内设计的必经过程，虽然很多新房有房屋结构图纸，但是室内空间现场各式各样的实际情况会影响设计方案，有些甚至是关键的因素。只有准确地量房，设计师才能进行合理的设计，并预算出准确的工程量，才能让施工队严谨施工。

进行现场量房，不仅可以获得准确的尺寸数据，还要实地勘察房屋的朝向、采光通风、房屋本身的物理情况（如墙体是否空鼓、开裂、潮湿、不平整或承重结构等问题）以及周边环境（如是否有噪声、空气污染等问题），此外还要在量房过程中获得与业主交谈的机会，了解业主需求，以便更好地为业主解决空间问题。

1.4.1.1 量房前的准备

量房前，设计师应携带钢卷尺（或电子测距仪）、相机、纸和笔（最好两种颜色）等量房工具，如图1-31所示。两种色彩的笔可以分别画图和记录尺寸；卷尺可以在没有遮挡墙时测量，最好用7 m以上的，因为量房现场没有任何工具（包括楼梯），在测量梁、柱高度时通常的方法是手握卷尺，将卷尺拉出，使0刻度对准起始位置，然后运用卷尺的弹性由低向高将卷尺送至所测量的位置，如图1-32所示。电子测距仪可以采用光电技术精确地量出墙体的尺寸。相机主要用于记录一些特别复杂的结构，或在对数据存疑又不方便复尺的情况下查看照片或视频，以便核实空间结构或尺寸。

图 1-31 量房工具
(a) 两种（以上）颜色的笔；(b) 钢卷尺；(c) 电子测距仪

图 1-32 工具的使用

1.4.1.2 量房的方法与过程

1. 量房的方法

(1) 使用钢卷尺量房时，要紧贴地面量高度、紧贴墙体拐角处量长度，不能悬空。

(2) 测量总尺寸和分段尺寸，以便核实空间尺寸，并随时量、随时记录数据。

(3) 测量窗户"离地高"和"高度"，以及飘窗进深，从而确保预算准确。

(4) 记录卫生间、厨房等下沉尺寸。

(5) 认真勘测顶、墙、地面、厨卫的物理状态，查看是否存在问题。

TIPS:

1) 地面：地面平整度的优劣对于铺地砖或铺地板等装修施工单价有很大影响。

2) 墙面：墙面平整度要从三方面来度量，墙要平整、无起伏、无弯曲；抹灰是否牢固，检查墙面抹灰可以用金属物戳墙，若掉灰特别厉害，后面的腻子及乳胶漆容易脱落；同时，还要检查墙面和墙面、墙面和地面、墙面和顶面是否垂直。这些方面与地面铺装及墙面装修的施工单价有关。

3) 顶面：可用灯光试验来检查是否有较大阴影，从而明确其平整度，以及墙体或顶面是否有局部裂缝、水迹及霉变。

4）门窗：主要查看门窗扇与边框之间横竖缝是否均匀及密实。

5）厨卫：把马桶下水、地漏、面盆下水、通风井道的位置在平面图中标记出来，包括地面防水状况如何，是否做过防水实验，地面管道周围的防水、洁具上下水有无滴漏，以及下水是否通畅。

（6）了解房屋所在小区物业等部门对房屋装修的具体规定，如在水电改造方面的具体要求，阳台窗能否封闭等事项。

2. 量房记录的主要内容

量房需要将房屋结构及各项数据绘制并记录在量房草图（图 1-33）上。需要记录的内容如下：

（1）梁柱位置、门窗位置、上下水管道和空调位置。

（2）主电箱位置、量房图各项详尽尺寸。

（3）卫生间和厨房设施的准确位置及房型的结构。上下水管、暖气等的准确位置及空间高度。

（4）梁柱的截面尺寸及高度。

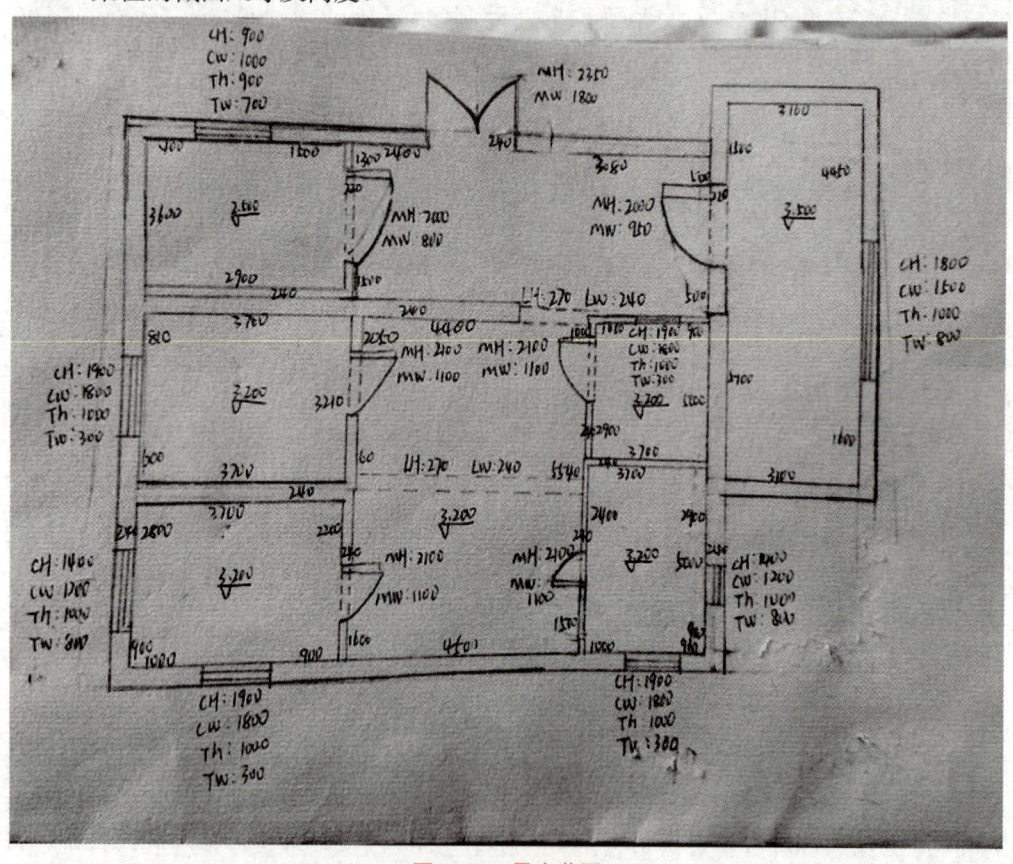

图 1-33　量房草图

3. 量房的过程

（1）准备好原始结构图，如果没有，就现场绘制草图。

（2）确定方位，在图纸上标注好朝向。

(3)仔细检查结构图和现场是否有出入,有出入的地方应在图纸上标注并用文字加以说明。

(4)一般从入户门开始,转一圈量房,最后回到入户门另一边,量房的顺序一般是按门厅、餐厅、厨房、卫生间、客厅、卧室(主卧、客房、书房、儿童房)、阳台来进行的。

(5)复核空间尺寸。

4. 量房草图的绘制

(1)从入户开始沿顺时针或逆时针走一圈,单线绘制出户型图。画的时候不用在意线条的绝对笔直和比例是否绝对正确,关键是要把握好外在轮廓的起伏关系,画完之后,应注意核对各墙线是否处在同一条轴线上(图1-34)。

(2)在户型轮廓的基础上将墙体用双线连接,绘制门窗,标注各空间名称,涂黑承重墙,标注梁、下水立管、地漏排水管道及通风井道(图1-35)。

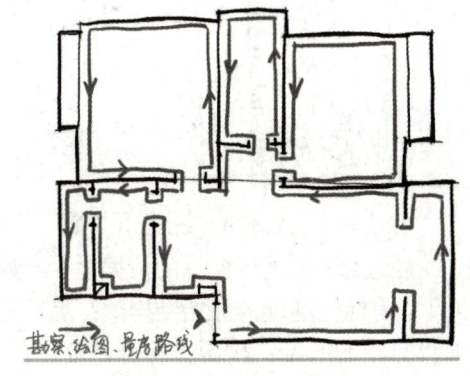

图1-34 单线户型草图

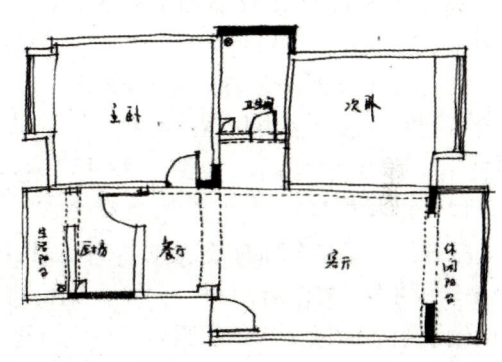

图1-35 完整户型草图

(3)逐一标注各房间的尺寸,能在现场用钢卷尺量出总尺寸的尽可能标注出总尺寸。有总尺寸和分段尺寸标注,在绘制原始平面图时彼此能有个参考,以便万一某个尺寸量得不准确,还能通过其他表示同一位置的尺寸推断出正确的尺寸,避免反复跑现场核实一些细节,用标高符号标注原顶面天棚的高度(注意标高的单位必须为米,标高符号的三角形为等腰三角形,符号的高度在3 mm左右),如图1-36所示。

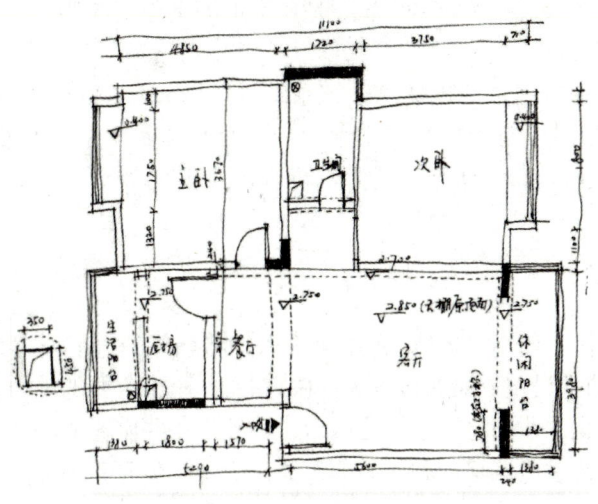

图1-36 标注标高并测量各空间尺寸

TIPS: 量房时,当用钢卷尺测量一面墙长度,得出数据为 6 315 mm,要把这个数据记为 6 320 mm,或如你量出一面墙长度为 998 mm,要把数据记为 1 000 mm,这样,在 AutoCAD 中绘制就不会出现数据错误问题了。因为我们所测量的房屋都是经过建筑设计师来设计的,一般是不会出现 6 324 mm 或 6 386 mm 这种数据的,而之所以量出这样的数据,很可能是因为墙体抹灰层太厚或测量的位置正好就凹进去了一小块而导致的读数误差。

(4)测量并标注一些细节,如立管边缘与墙面的距离(影响包立管后形成的柱子的大小)、窗台的高度。同时对于一些细节还需要放大引出标注,标注出梁的宽度及墙面的距离,如图 1-37 所示。

(5)量房草图的放图。量房现场手绘草图完成后,需要用 AutoCAD 快速绘制出原始户型图,如图 1-38 所示。原始结构图对于整个室内设计而

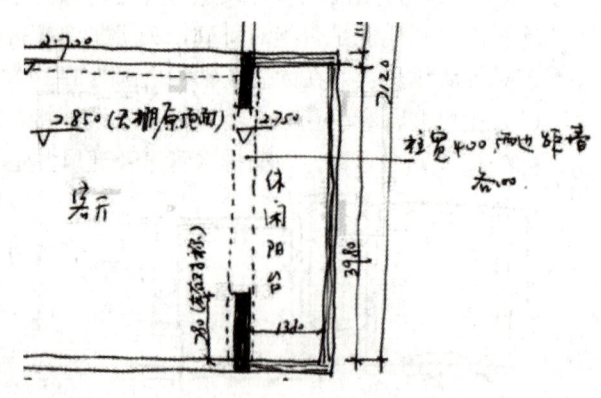

图 1-37 核实并补充细节

言既是开始,又是合理有效地进行室内设计的基础,也是预算师进行预算的依据之一。原始结构图的表示方法有两种:一种是以测量的内空尺寸为标注基础的原始结构图;另一种是以轴线距离为标注基础的原始结构图。由于以轴线标注的原始结构图更符合制度规范,被大多数设计师和设计公司采用。

1)计算轴距。由于现场无法测量到轴线的距离,所以,当现场测量手绘图画好后,可以通过建筑常识简单地计算出轴线的距离。在建筑设计中都有一定的模数,家居室内空间设计中一般是按 300 mm 进级,其幅度应为 3 ~ 75 m。在画轴线距离时,一般将测量的数据向上推到最近的一个建筑模数。如测量两面墙之间的距离是 5 290 mm,那么两墙的轴线距离就是 5 400 mm,因为轴线的距离一定要符合模数要求,即在家居建筑中轴线的距离一定是 300 mm 的倍数,而 5 400 mm 是比实地测量距离 5 290 mm 大的、最近的一个符合建筑模数的数字。

2)画主要轴网。根据量房现场手绘记录结果用 AutoCAD 画出主要的轴网,需要注意的是,在现场测量时内空间标注非常烦琐,墙面非常多,在画主要轴网时没有必要一下全部画出,这样在画墙线时容易混淆,待画出主要的墙线后可以再补充次要房间的轴线。

3)标注出主要轴线的尺寸。为了方便下一步画墙体,设计师一般会将轴网的尺寸先行标注。

4)画出主要墙体。使用"双线"(ML)命令,将墙体的宽度设为 240 mm 或 120 mm,打开交点和端点的捕捉设定,对齐设置为"中对齐",画出主要的墙体。

5)补充次要轴线。在确定了主要墙线后,再补充一些次要的轴线及墙体。

6)完成细节。通过"偏移"和"修剪"等命令进一步完善细节。

最终成图如图 1-38 所示。

图 1-38 最终成图

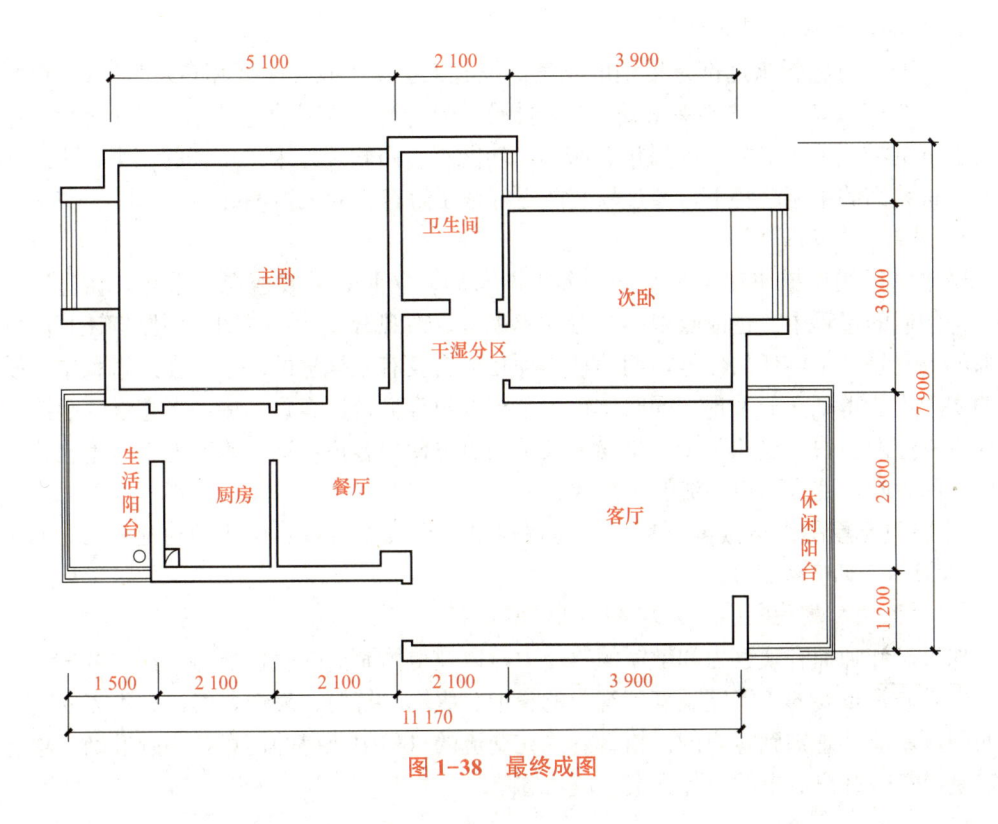

> 【想一想】
>
> 在量房过程中,除进行量房外,要如何获得更多有助于设计的信息?

1.4.2 设计方案洽商

谈单在室内设计中具有独特的地位。谈单包括前期客户需求沟通、设计沟通,以及合同签订(也称订单)等内容。从某种程度上说,好的设计与施工、合同签订的成败都是通过谈单促成的。因此,室内设计师掌握谈单技巧尤为重要。

1.4.2.1 谈单必备知识

优秀的设计师不仅是方案设计的高手,也是与客户打交道的高手。能够通过沟通准确定位客户的需求,并且能够清楚明了地表达方案,切中项目痛点,有效地达成共识,才能高效地推进项目落地。高效的谈单沟通需要具备以下的知识技能。

1. 材料、工艺、预算的知识

材料和工艺是设计的基石,没有扎实的材料工艺知识,设计就犹如空中楼阁,无法真正落地。设计的构思和实施,都需要依赖材料和工艺的表现力。而除设计效果外,客户最关心的是预算。在谈单过程中综合灵活应用材料、工艺及预算方面的知识,当客户提出疑问的时候,设计师就不会牵强地解释,从而让沟通更有说服力。

2. 色彩及软装的营销知识

所有的人对色彩永远都是接纳的态度，没有人会说"我不需要用色彩"，因此色彩可以作为一个切入口，通过效果图或 VR 全景漫游带给客户直观的色彩体验，让客户在色彩的吸引下沉浸式地感受空间的风格、布局、功能等；而软装是未来市场的一个核心，在轻装修、重装饰的主流趋势下，通过软装能更好地了解客户的风格偏好。

3. 手绘技能的应用

谈单时运用白描快速表现空间，如平面布局、立面效果或透视关系等，在边讲、边画、边沟通的过程中，也能吸引客户专注起来认真地观看设计师画图，而愿意认真倾听设计师的方案是一个信任的信号，而信任是项目成交及有效推进的基础。在此过程中，设计师的实力也能得到充分展现，同时体现了重视客户意见、以客户为中心的态度。手绘方式比计算机绘图更快，也比手持大量参考效果图更方便与客户沟通、修改方案，不会浪费客户更多的时间，使沟通更加流畅、高效。

【思政元素融入达成素质目标】通过谈单及方案洽商培养学生的沟通能力，提升"以人为本"的服务意识。

4. 观察力和敏锐的感受力培养、话术的训练

如果设计师拥有观察力和敏锐的感受力，以及得体简洁的表达能力，在与客户交流的过程中是非常重要的。能够观察到客户的身形、服饰、打扮、表情、气质，不需要设计过多的问题就能够感知到客户的性格喜好，在交流的过程中获得的信息越多越准确，越能量身定制出符合客户需求的设计方案，成功签单。

1.4.2.2　现场量房谈单

量房基本是两人搭档，设计师和助理或设计师与客户管家共同前往。量房时，一人负责量；另一人负责与客户沟通，增加客户进店欲望，以便成功签单。在此过程中，多问业主的装修需求，如各房间的基本功能及对功能的完善、常住人口信息、预计资金的投入、喜好的设计风格、储物空间、希望的未来生活方式等情况，还可以了解业主对施工工艺、安全性与环保性等因素的消费倾向。此外，可以铺垫一些设计师的专业能力，如分析一些户型的基本问题，简单给出一些解决空间问题的方案，比如格局问题、采光问题、风水方面的建议等，可以适当地透露一些公司文化（如公司的核心竞争力），以增强客户对你的专业认可及对公司有记忆点。

1.4.2.3　设计方案沟通

通过初步接触了解客户的一些基本需求后，接下来可能就要进行具体的方案沟通。业主可能会带来地产公司提供的图纸，也有可能带来你测量房屋的图纸，无论是哪种方式得到图纸，都应在做好初步的方案后再邀约客户进行关于设计方案的谈单。

在进行设计方案沟通前，需要做好准备。

（1）了解客户的详细信息。这些信息包括但不限于以下内容。

1）房屋的自然情况：包括地理位置、使用面积、物业情况、新旧房、是买的还是租的等。

2）业主情况：业主的职业、收入、家庭成员、年龄等（了解这些情况要注意把握分寸)。

3)生活习惯：在设计中要考虑客户的生活习惯，这种细节很容易打动客户。

4)是否已拿到钥匙：这非常重要，如果业主已经拿到钥匙，说明其装修会非常迫切，工作人员的行动就需要更为主动。

5)装修预算：如果能收集到的话，对设计方向的把握是关键的一点。

(2)收集之前做过的或已经开始施工的设计方案，以供客户参考。

(3)所在装饰公司的优惠政策、材料清单、报价清单及施工规范等相关文件。

(4)将设计图纸打印出来，准备好铅笔用来记录或临时修改图纸。

1.5 建筑装饰设计任务实施

1.5.1 量房实践任务

1. 任务描述

量房及环境勘察实践任务书的内容即任务描述。

2. 任务内容

选取一个空间进行量房实践，勘察空间物理状况并绘制量房手绘草图，完成后将文件提交至作业板块。

3. 提交文件及要求

(1)量房手绘草图。

1)包含室内空间墙面分段尺寸、总尺寸及顶面天棚高度；

2)包含梁柱、门窗位置及详细尺寸（梁柱高 H、宽 W 及窗高 H_1、窗离地高 H_2、飘窗进深 H_3)；

3)包含主电箱位置、卫生间上下水管位置（马桶/面盆下水、地漏)、厨房烟道位置。

(2)空间物理状况勘察。分析墙面、地面、顶面是否有漏水、潮湿霉变或不平整、裂缝等问题；分析采光朝向通风是否良好。

(3)所量空间的照片及量房照片。

(4)根据手绘草图绘制的 CAD 图纸（jpg 格式)。

【思政元素融入达成素质目标】通过量房实践，学生培养团队协作能力及精益求精的工匠精神。

4. 评价考核标准

量房及环境勘察任务评价考核标准见表 1-2。

表 1-2　量房及环境勘察任务评价考核标准（仅供参考，可根据实际授课情况调整）

课题：量房及环境勘察		班级：						组别：			姓名：		
		评价主体											
		成果（60%）								过程（30%）		增值（10%）	
		自评（5%）		组间互评（5%）		组内互评（10%）		师评（20%）		企业评价（10%）	机评（10%）	师评（20%）	机评（10%）	师评	
评价元素		线上	线下	线上	线下	线上	线下	线上	线下					完成拓展任务（10分）	完善课堂任务（6分）
知识	了解量房的作用、内容及工具										✓		✓		
	掌握量房的流程、规范和方法技巧									✓		✓			
技能	能正确使用量房工具量取室内空间较为完整的尺寸并记录数据		✓		✓		✓		✓			✓			
	能绘制出量房草图，同时能观察归纳分析空间物理环境问题		✓				✓		✓			✓			
素质	发现、分析并解决问题的能力								✓			✓		✓	✓
	较强团队合作意识		✓		✓							✓			
	细致、全面的工作态度		✓		✓				✓			✓		✓	✓
得分															

1.5.2　谈单情境模拟

1. 任务描述

任务1　定位客户需求

设计一个客户需求问题表，学生两两为组，分别向对方提问，收集信息越多越精准为佳，以便精准定位客户需求。客户需求问题表（模板）见表1-3。

表1-3　客户需求问题表（模板）

序号	问题	是	否	备注
1	是否考虑设置衣帽柜（可挂外衣、雨伞、放包等）			
2	鞋柜是采用矮柜还是满柜？需要换鞋凳和穿衣镜吗			
3	需要酒柜、餐边柜吗			
4	是否会亲自下厨？中厨和西厨是否要各自存在			

任务2　方案谈单情境模拟

4～6人为一讨论小组，轮流扮演客户和设计师的角色，模拟常见谈单情境，记录问题及处理方法，并拍摄模拟过程（照片／视频）。谈单常见问题见表1-4。

表1-4　谈单常见问题

序号	情境	参考处理方法（话术）
1	当客户拿来的图纸尺寸不全、只是大概讲了要做些什么东西，要求设计师做笼统报价怎么办	
2	客户问及不同的风格，各需要花多少钱时，你应怎样解答	
3	如果客户问"你们公司的报价单中的单价为什么不能调低或者打个折？而别的公司可以？"你作为设计师会怎么回答	
4	如果客户问"你们的预算报价，在施工过程中会不会有变动？"你作为设计师会怎么回答	

2．评价考核标准

对任务1和任务2进行综合评价。

设计方案洽商任务评价考核标准见表1-5。

表1-5　设计方案洽商任务评价考核标准（仅供参考，可根据实际授课情况调整）

课题：设计方案洽商		班级：				组别：			姓名：		
评价元素		评价主体									
		成果（60%）						过程（30%）		增值（10%）	
		自评（5%）	组间互评（5%）	组内互评（10%）	师评（20%）	企业评价（10%）	机评（10%）	师评（20%）	机评（10%）	师评	
										完成拓展任务（10分）	完善课堂任务（6分）
知识	了解谈单及设计方案洽商的作用和思路	线上／线下	线上／线下	线上／线下	线上／线下						
	掌握与不同类型客户沟通的方法技巧					✓	✓				
技能	能够对客户的性格、风格喜好有初步判断，并能进行有效沟通	✓	✓	✓	✓			✓			
素质	发现、分析并解决问题的能力	✓	✓		✓			✓		✓	✓
	较强团队合作意识	✓	✓		✓			✓			
	培养沟通表达能力	✓	✓		✓			✓		✓	✓
得分											

本模块小结

本模块主要讲述了有关建筑装饰设计的基础知识，包括建筑装饰设计的概念和分类、风格与发展，还介绍了建筑装饰设计的内容与要素，以及设计的一般步骤程序。此外，本模块还介绍了量房及谈单的实务并进行实操，为学生今后的学习提供理论基础和操作经验。

课后思考及拓展

1. 课外调研：了解不同类型的建筑空间进行实地参观调研或者通过网络了解、收集古典或现代建筑实例后，学生应明白建筑装饰设计的发展历程，熟悉装饰设计的作用与内涵，树立正确的设计观，将参观调研过程心得发帖或分享至朋友圈。

2. 在线测试：对建筑装饰设计的概念、内容、元素、流程、风格、趋势等知识进行掌握程度检验。

3. 建筑装饰风格辨析：将不同装饰风格的图片进行分类汇总，确定各为何种类型的装饰风格，有什么特点，适合哪些类型的客户。

模块 2　室内空间组织设计

学习情境

客户/业主交付订金后，设计师需要进行空间的扩初设计。作为设计师，你应该如何开展工作呢？对于最为核心的空间平面布置，需要什么知识技能支持来完成设计工作呢？

课前思考

1. 什么是客户思维？它对设计有什么帮助？
2. 思考一下，在家里做什么事情最烦琐？
3. 符合人体工程学的室内设计是什么样的？
4. 不同大小、形状、颜色的空间会给人带来相同的心理感受吗？
5. 你能判断出什么样的户型才是好户型吗？

知识目标

1. 理解人体工程学的概念，熟悉人体工程学的基础数据。
2. 了解人体工程学、心理学、行为学等相关学科在建筑装饰设计中的应用。
3. 掌握客户需求分析的方法和起居动线设计的方法。
4. 熟悉住宅设计户型改造的思路逻辑。

能力目标

1. 能辨析不符合人体工程学、建筑心理行为学等内容的空间问题并提出改进措施。
2. 能对客户需求进行分析并提出相对可行的解决方案，再根据需求分析划分功能空间，设计出较为合理的起居动线。

3．能进行住宅户型改造，初步设计出符合人体工程学、建筑心理行为学的空间功能合理，符合实际需求的安全、舒适、便捷的室内空间。

素养目标

1．通过分析定位客户需求并对空间动线进行分析、设计，以及掌握人体工程学、心理行为学在室内空间的应用，学生可以拥有科学思维、客户思维，从而培养以人为本的服务意识，并培养信息分析和归纳整理的能力。
2．学生通过思考适宜弱势群体人居的室内环境来激发社会责任感和职业使命感。
3．学生通过户型分析及设计原则和思路讲解，倡导经济环保节能生活方式，培养经济环保节能的设计理念，树立绿色低碳意识。
4．学生通过随堂户型改造课题设计来培养精益求精的工匠精神，从而培养发现和解决问题的能力。
5．学生通过户型改造设计分组任务培养团队协作与沟通能力。

思政元素

1．以人为本的客户思维和服务意识。
2．社会责任感、职业使命感。
3．文化传承、辨证思维。
4．倡导经济环保节能的设计理念和生活方式。

本模块重难点

1．重点：辨析不符合人体工程学、建筑心理行为学等内容的空间问题并提出改进建议。
2．难点：设计出符合人体工程学、建筑心理行为学等科学布局，既实用又便捷、舒适、安全的室内空间。

2.1 客户需求分析及动线设计

动线即空间的流线，是人在行走流动中，通过无数个位移点组合连接而成的路径的集合。动线设计是通过对人的活动轨迹进行设计，达到适宜、顺畅的互动空间。简单来说，所谓动线，就是居住者在空间中为了达到某种功能使用的目的，所做所有动作过程中所走过的路线就是动线。比如，下班回家后，放包→换鞋→做饭→吃饭→洗澡→睡觉，这就是一个非常系统的动作路径。

动线设计的目的是优化人在空间中的活动，而客户需求分析指导动线设计的实施是动线设计的构思来源。

2.1.1 客户需求分析

空间设计要获取客户需求、正确理解，以及有效的预测。客户的需求是空间设计的出发点。客户需求分析中除要分析客户本身的装修要求、消费倾向、家庭信息之外，还需要分析房屋信息。

1. 房屋信息分析

业主的房屋信息包括住宅环境（地理位置、使用面积、物业情况、新旧房、是买的还是单位分的）、住宅结构（砖混结构、框架结构、剪力墙结构还是其他结构）、住宅自然条件（采光、日照、通风、温度、湿度等），经过量房实地勘察过环境之后，归纳出房屋本身的问题，如采光不佳、西晒、潮湿、噪声大、格局不够方正等问题，针对这些问题思考解决方法。

2. 客户信息分析

（1）业主的装修要求：包括各房间的基本功能及对功能的完善、预计资金的投入、喜好的设计风格、喜欢的装饰色彩与色调、安全性与环保性、储物空间、希望的未来生活方式、家用电器配置和家具的选购等情况。

（2）业主的家庭因素：包括居住人口、家庭成员（家庭的共同性格和家庭成员的个别性格，对于偏爱与偏恶、特长与缺陷等需特别注意）和生活习惯、工作、职位、说话的语气、个人的气质、服装穿着及车辆等因素。

（3）业主的消费倾向：包括重装修还是重装饰，对设计、施工工艺、环保材料、售后服务、知名度等因素的消费倾向，是自装还是倾向于找小公司、中等公司或大公司，以便分析竞争对手，以及分析自身是否符合客户的消费倾向。

2.1.2 起居动线设计

在居住空间中，居住者的动线选择同样可以大致分为两类：一类是心理的感性因素，如习惯、爱好等；另一类是身体机能的理性因素，如台阶太高或路程太远会影响人的正常身体机能。

通过调查发现，人们对于空间参与的积极性会随着距离的增加而减少。当在空间序列中加入一些吸引点的时候，可以提升人的参与性和积极性。除距离远近造成的空间参与性影响外，人们也会本能地进行所谓的"近距离"动线及"省力"的动线方式，因为人对于走"捷径"的愿望是十分执着的。

2.1.2.1 动线分类

在家居空间中，起居动线一般分为三类，分别是居住动线、家务动线和访客动线。

1. 居住动线

居住动线一般包括日常起居活动路线，如晨起上班、入睡准备、日常休闲等活动轨迹（图2-1），主要涉及卫生间、卧室、衣帽间等，比较偏私密。居住动线是三条动线中最重要的一条，科学的动线可直接影响家人居住的舒适度。

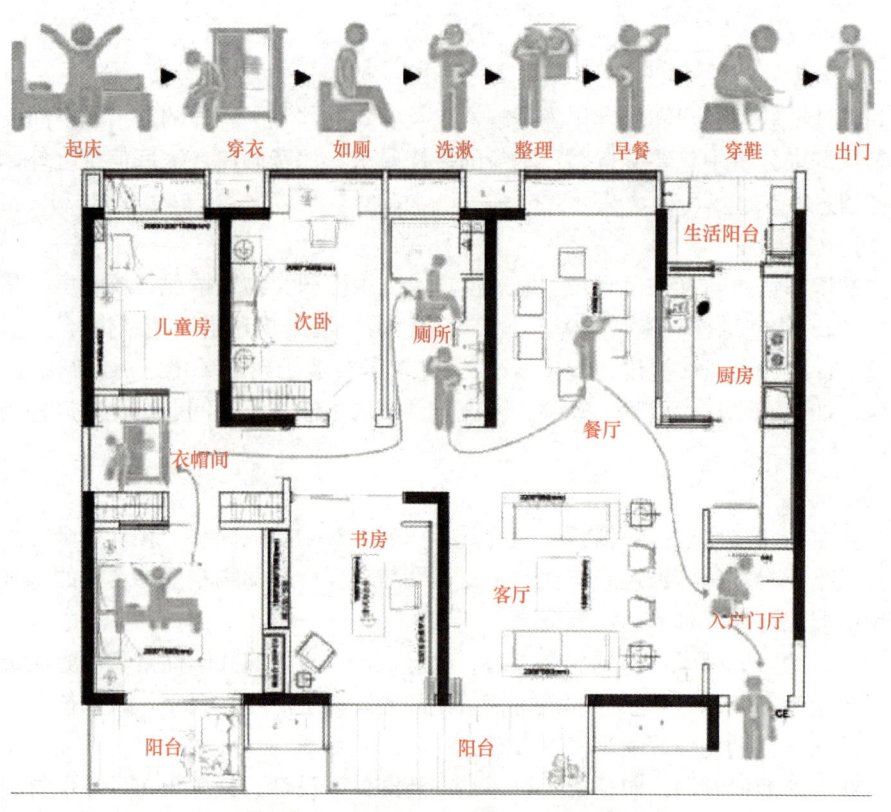

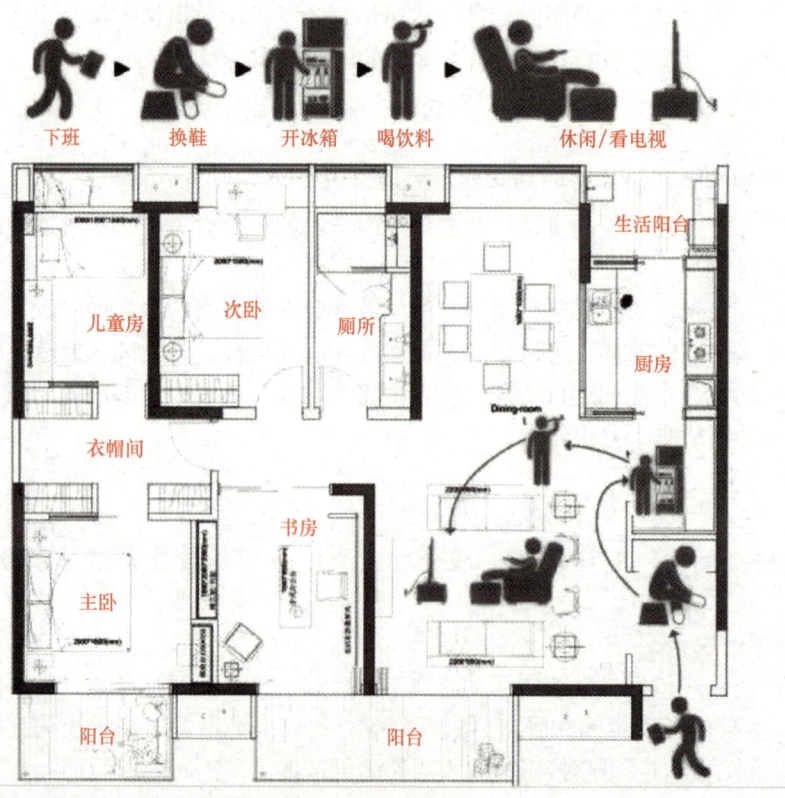

图 2-1 居住动线

2. 家务动线

家务动线就是居住者在家里日常劳动做家务所走动的路线，如偶尔打扫卫生，或者下厨烧饭、洗衣晒衣、收拾屋子等，这些动作所需要经过的路线。在家居的三条动线中，以家务动线最烦琐，有下厨烹饪动线、洗衣晾晒动线、清洁打扫动线，不同内容所需要的空间也不同，一般主要分布在厨房、卫生间、储藏间、家务间及阳台。家务动线决定了家庭人员的劳累值。

> 【想一想】
>
> 观察样板间中的烹饪动线，观看烹饪情景模拟视频，思考烹饪动线布置有什么问题？

3. 访客动线

访客动线主要指客人来访时的活动路线，一般涉及玄关、客餐厅、卫生间、阳台，除非访客留宿过夜，否则不涉及卧室书房等私密区域。设计师要考虑公共领域动线的流畅性及不影响家人休息和空间私密性。

2.1.2.2 动线设计的核心标准

室内动线设计最注重的两个内容：操作时间和体验感。判断动线的好坏最关键的指标就是两个动作或者操作节点之间的时间效率，主要就是看在这一段路径中完成一系列动作需要的时间是否很多、操作是否麻烦、路线是否烦琐，从根本上来说主要就是看完成动作的时间和便捷体验感。好的动线设计，一定是既短且方便的路径。根据这两大要点总结出的动线设计核心标准如下。

（1）每个操作点或者动作点之间所走过的路径要想方设法设置到最短的状态。也就是完成这一系列动作操作需要走动的路线距离达到最短。比如，将早晨上班前要起床→刷牙→换衣服→吃早餐→出门等这一系列动作之间走动的路线设置到最短。

（2）考虑该怎样才能让这些操作更加便捷，以达到极致的状态；应该怎样丝滑、流畅地完成这些动作；什么样的动线设置能够让居住者以最快捷的方式完成动作操作。

比如，为方便起床刷牙卫生间开门方向的考虑、换衣服时衣柜位置的考虑、吃早餐时厨房、餐厅和卧室位置关系的考虑、出门时餐厅和入户门之间位置关系的考虑……该如何丝滑、流畅、快速、便捷地完成操作，是设计师要深入考虑的问题。

动线的设置前提是先规划好空间各个区域的功能，因此，在通往各个功能区的行动路径中需要满足相对应的空间功能，并充分考虑居住者在空间中实际的体验和需求，如动线上的收纳设置，以及开关插座等布置。

2.1.2.3 起居动线的设计方法

起居动线各自串联不同的功能空间，空间中动线的设置具体还是要根据居住者的生活方式和习惯决定。因此，设计师要合理分配功能区，规划好动线的路径。

1. 动线设计原则

（1）不能出现动线交错的情况：动线一旦出现交叉或者某段线路之间产生重复、重叠的情况，会造成使用上的冲突和不方便，并且会造成一段路线重复走动的问题。

（2）动线一定要明确清晰，简单快捷：如果动线乱七八糟，不仅不符合动线设计"短而便捷"的要求，还会给居住者带来非常差的体验感，让他们感到特别疲惫感。

（3）一定要做到动静分离：如图2-2所示，动区就是公共区域如餐厅、厨房等区域；而静区指的是卧室、书房等私密性比较强的空间。动线不能在动、静区穿梭。

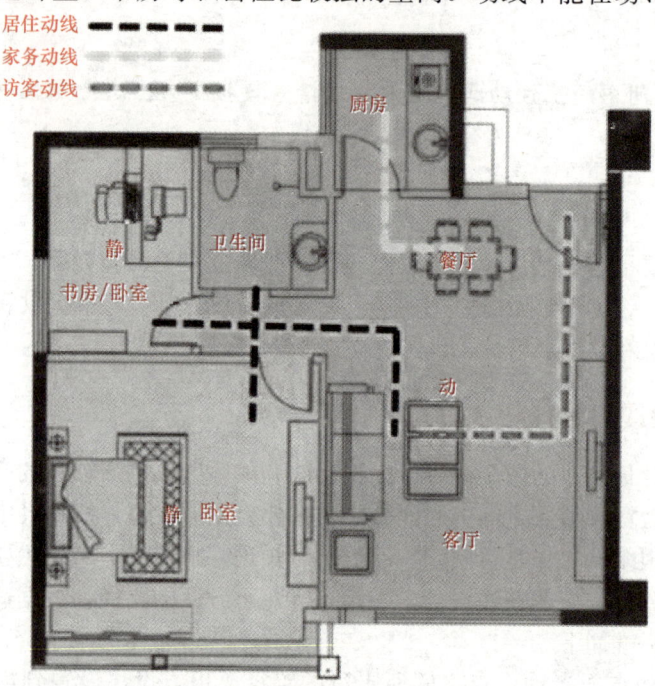

图2-2 起居动线及动静分区

2. 居住动线的设计方法

一方面，居住动线要在保护好居住者隐私的同时满足快捷和方便，因此注意不要和家务动线还有访客动线有重叠或者交错的情况产生；另一方面，由于每个人的生活习惯和生活方式，以及每个空间的户型格局各不相同，具体要根据业主实际的需求和喜好来决定。一般来说，普通的住宅空间，其居住动线的设置能够满足下列功能，然后根据业主的生活方式和需求，进行适当的调整就足够了。几种常规标准的居住动线设置可参考图2-3。

（1）最主要的两个场景：回家、起床。

回家：入户门，玄关，客厅/厨房，餐厅，卫生间，卧室。

起床：卧室，卫生间，梳妆台/衣柜，客厅，玄关。

（2）其他日常几个场景。

吃饭：厨房（存放，清洗，操作，烹饪），餐厅，客厅。

学习/工作：书房/学习区（收纳，操作）。

图 2-3 常规标准的居住动线

3. 家务动线的设计方法

家务动线是否合理，关系着劳动动作效率的高低。设计师在规划家务动线时，只需要按照标准的家务动作来设置即可。常规标准的家务动作主要由做饭、洗衣、打扫三大类构成。

（1）做饭动线：主要是在厨房区域，对厨房区域的动线进行规划。厨房的动线，分别是冰箱（对食材的储存和拿取）、操作台与水池（对食材的清洗和处理）及灶台（对食材的烹饪操作）。三者动作之间自然而然形成三角形路线，设计师要考虑如何让这个三角形边长总和最短，并且功能之间的操作流畅连贯，既要节省时间，还要省力地完成操作。把握好时间效率和体验感这两个核心，无论是I型还是L形或者U形等布局形态都适用。

从空间的区域布局上，厨房最好处在临近入户玄关的位置。下班回家后，可以将买来的菜直接放在厨房中，但也要离餐厅近，如果设置过远，烹饪好的菜肴要经过很远的距离才能端上餐桌，非常麻烦（图2-4）。

（2）洗衣动线：主要由取衣、洗衣、晒衣、收衣、叠衣收纳这五个连贯的动作路径构成，核心在洗衣机的位置。洗衣机通常设置在卫生间中或者阳台上，

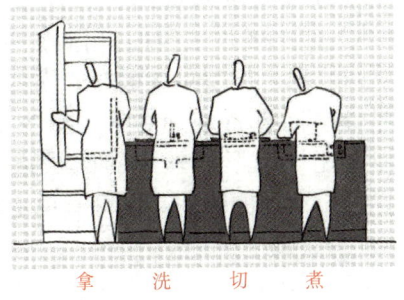

拿　洗　切　煮

图 2-4 做饭动线

如果将洗衣机设置在阳台，无疑是最佳选择，洗完可以直接进行晾晒或者用烘干机进行烘干灭菌；如果设置在卫生间，难免会造成路径过长并且容易滴水，不仅浪费时间和体力，还增加了额外的打扫动作，滴在地面上的水也给家里的儿童或老人带来滑倒的风险（图2-5）。

图 2-5　洗衣动线

（3）打扫动线：打扫的动作操作主要由拿、扫、放回这三种动作构成，扫帚、拖把、抹布等应尽量放置在一个方便拿取的位置（图2-6），进行全屋的打扫清理后，将工具放回原地。打扫路线最好的优化方式就是将部分空间进行连通合并，减少墙体之间的障碍阻隔，形成丝滑的网状路线，既能节省打扫清理的时间，也可避免走重复的路线（图2-7）。

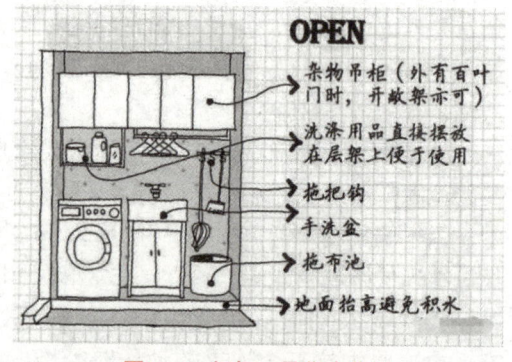

图 2-6　打扫工具集中收纳

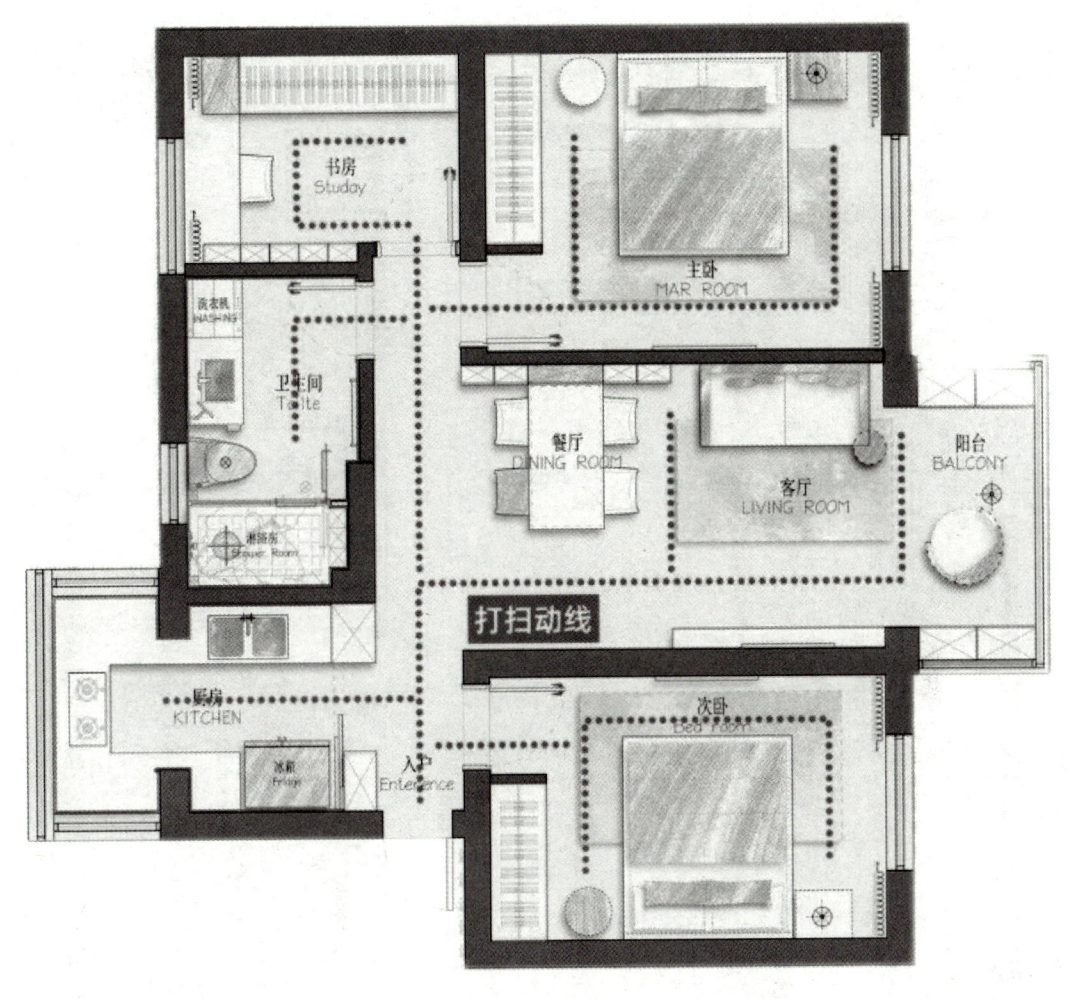

图 2-7　打扫动线

4. 访客动线的设计方法

访客动线就是家里有人来访时客人可能会走动的路线。毫无疑问，客厅、餐厅和客卫是主要的访客区域，有的空间打造的社交厨房也是常见的访客区域，由于访客的数量不一，访客动线设置的核心在于宽敞流畅和保护隐私。

（1）宽敞流畅。如果访客比较多，要保证访客动线上有充足且宽敞的空间，并且各路动线清晰明了，不杂也不乱，访客会经过的几个区域之间的路线应尽可能地保证流畅。

（2）保护隐私。家中来访客，如果泄露隐私或者打扰家人休息是非常尴尬的事情，如阳台区域晾晒的衣物，尤其是隐私的衣物，或者是打扰到家中其他成员日常生活休息。因此，客人活动的区域和访客动线设置，一定要刻意避开静区，也就是家人休息的区域，不能和居住动线交错重叠。

访客动线如图 2-8 所示。

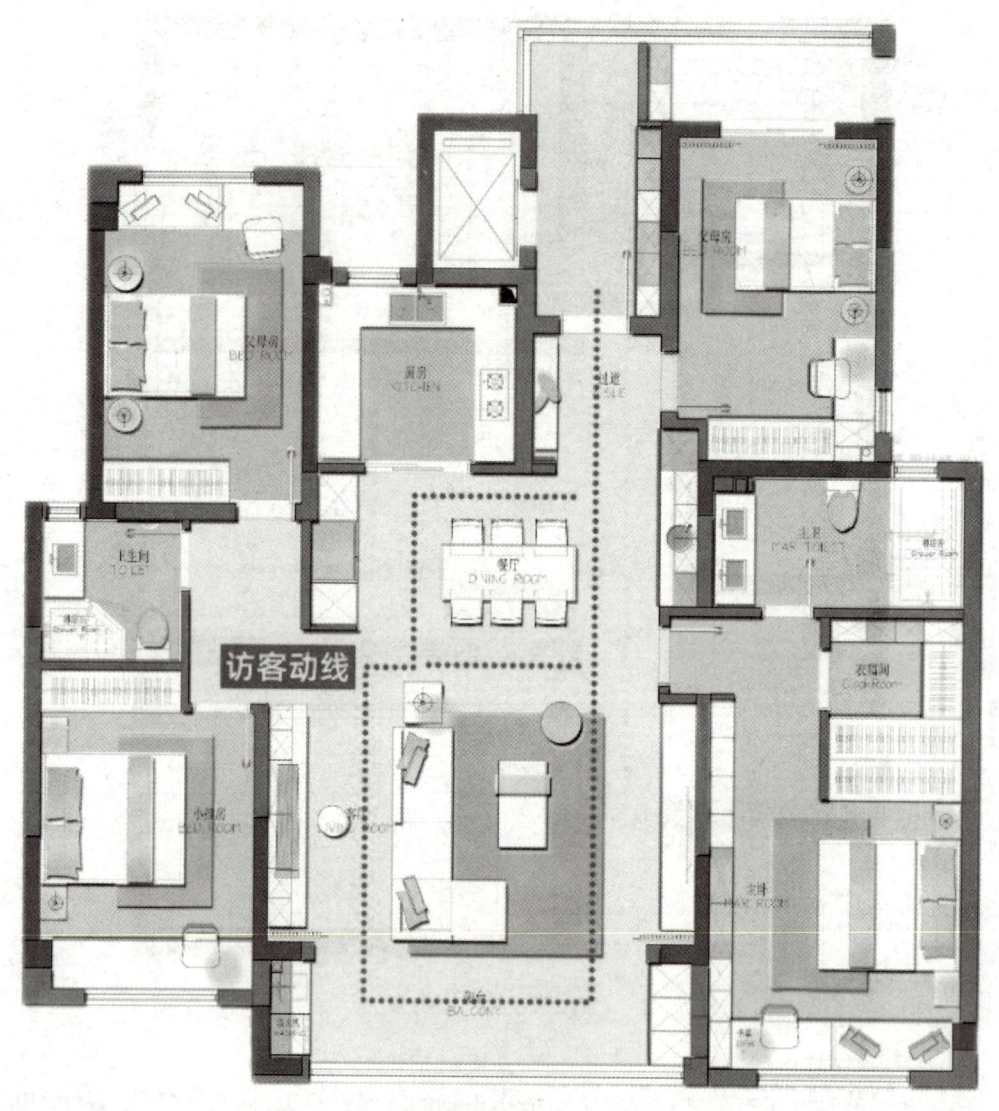

图 2-8　访客动线

2.1.2.4　起居动线的设计技巧

动线设计始终围绕着"短且便捷"这四字核心来思考，依照这个设计要求，衍生出了以下技巧。

1. 网状动线技巧

常规的户型分布通常分为树状和网状两种形态。树状分布想从一个地方到另一个地方，只能沿着一条路线过去，但如果想要去其他地方，则必须先原路返回再过去。如图 2-9 所示，在室内空间里，以过道为主干道，向两边展开分布空间，即为一个树状的分布。如果想要早晨起床去卫生间，必须经过走廊到达，如厕、洗漱、换完衣服，又经过走廊和卧室，到达衣帽间。这种路线重复、烦琐，如果家庭成员多，动线肯定非常混乱，在使用上会产生冲突。

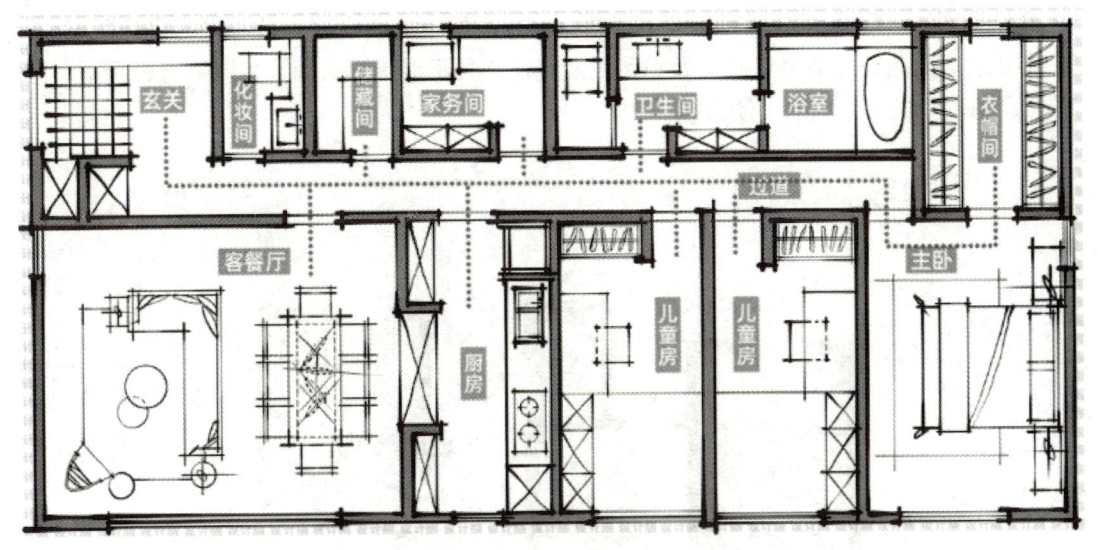

图 2-9　树状动线空间

但是网状的动线彻底改变了这样的局面。网状是四通八达的，从一个地方到达另一个地方，有很多支线可以实现，并不是单向来回折返的路线，各个点之间能够互相串联起来，在路线上有非常多的选择。如图 2-10 所示，将网状的动线手法运用在室内空间里就是把两个或两个以上的空间合并，每个空间就不再只能通过走廊连接，可以有多条路线。

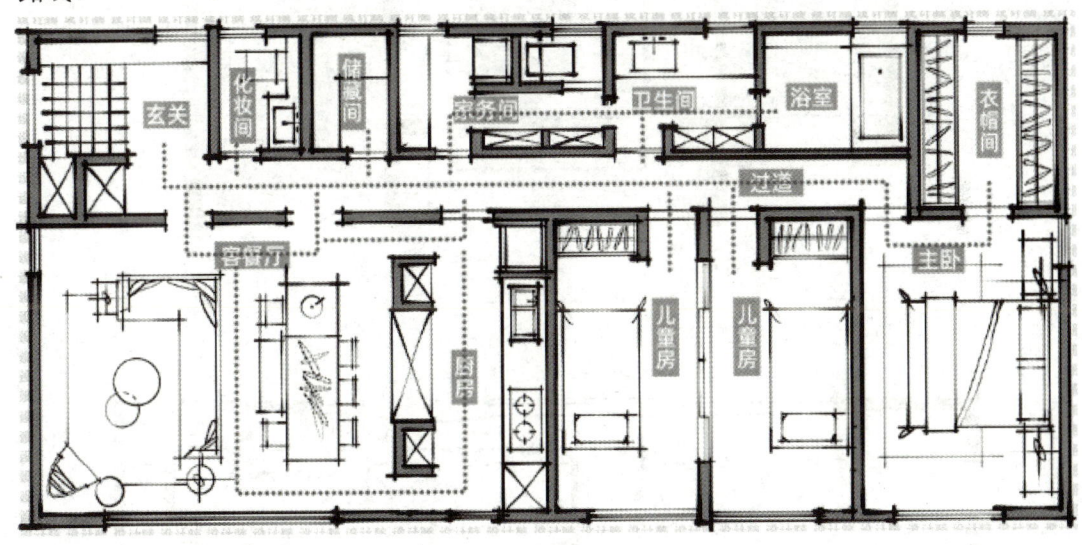

图 2-10　网状动线空间

2. 洄游动线技巧

洄游动线（双动线）也可以理解为回字形或日字形的动线，它是由著名的建筑大师勒·柯布西耶创造的动线设计，顾名思义就是动线的轨迹酷似"回"字或者"日"字，通常是围绕着某一个空间为中心进行洄游，在这段回字形或日字形的动线中，串联各个功能空间，能够将空间充分利用起来，使之更加流畅且具有很高的利用率。小户型是最适合设置洄游动线的，能最大限度地扩大空间感，充分利用空间。在用此技巧进行设计的时候，尤其要注意把握好这两个核心，做到路线最短，并且不能走回头路，才能拥有最舒适、顺畅、高利用率的动线设计（图2-11）。

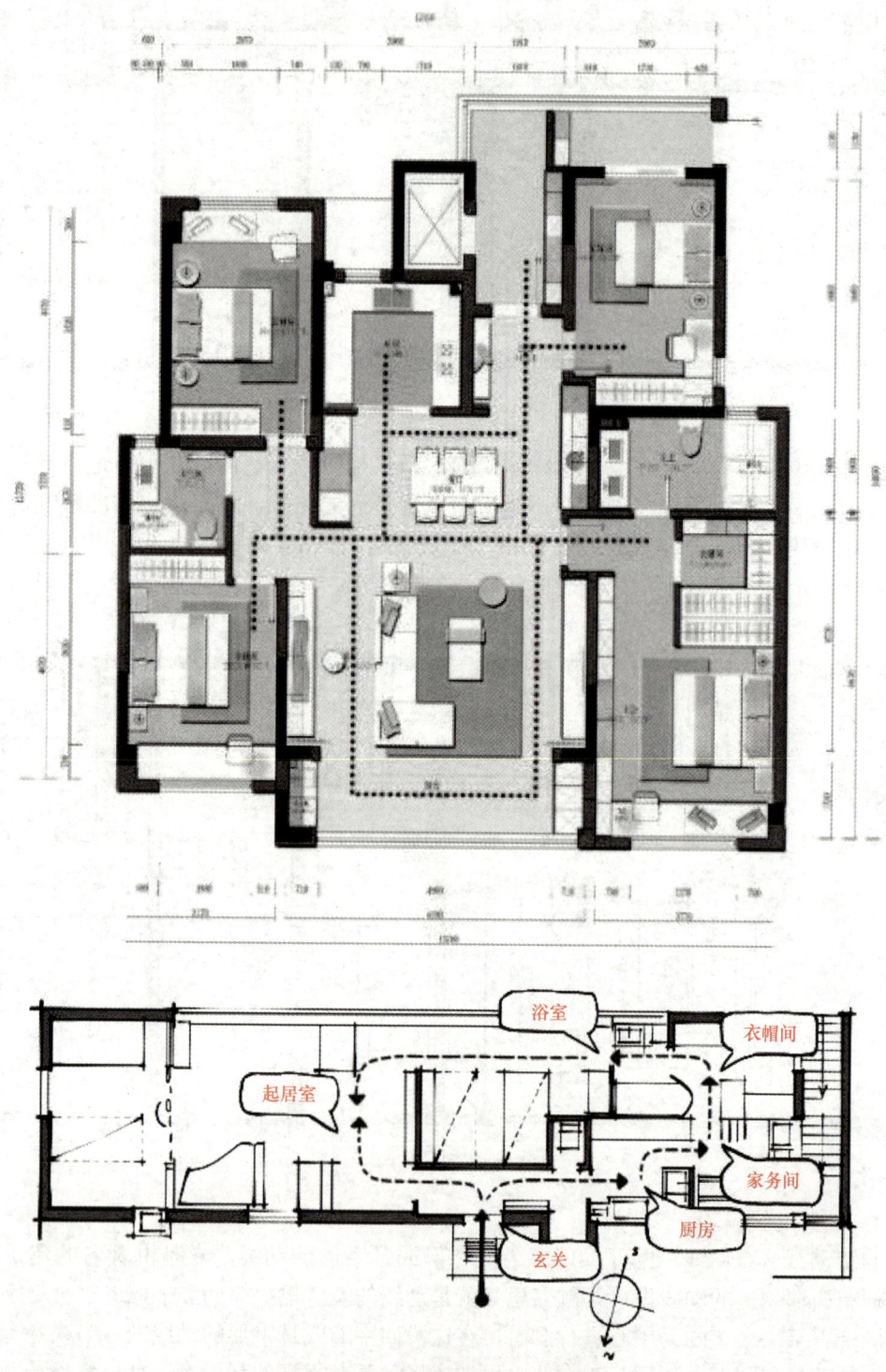

图 2-11 洄游动线（双动线）空间

2.2 人体工程学、心理行为学在室内空间规划中的应用

2.2.1 人体工程学打造舒适尺度

2.2.1.1 人体工程学概述

建筑装饰设计是一门综合性很强的学科，既有明显的艺术性，又有很强的科学性。人体工程学是其中一项最重要的相关学科，是一门研究人与环境关系的技术学科。

人体工程学（Human Engineering）也称人类工效学（Ergonomics）。Ergonomics 出自希腊文"Ergo"，即"工作、劳动"和"效果、规律"，也即探讨人们工作、劳动、效能的规律。人体工程学的应用十分广泛，可以说只要人迹所至，就存在人体工程学的应用问题。早在上古时期，原始人使用石器、木棒、弓箭等狩猎，就已经存在人和工具的关系问题，只不过这是一种自觉的、潜意识的应用。真正促使人体工程学发展成一门独立学科是在第二次世界大战期间，在军事科技上开始研究和运用人体工程学的原理和方法。战后，各国迅速将人体工程学的研究成果运用到空间技术、工业生产、建筑设计等领域。

从建筑装饰设计的角度来说，人体工程学是依据以人为本的原则，运用人体测量、生理计测、心理计测等方法，研究人的体能结构、心理、力学等方面与空间环境之间的协调关系，以适应人的身心活动需求，获得安全健康、舒适、高效的工作和生活环境。

【思政元素融入达成素质目标】掌握人体工程学在室内空间的应用后，学生应拥有科学思维、客户思维，培养以人为本的服务意识。

2.2.1.2 人体工程学的基础数据

一般来说，人的身体健康和舒适程度，以及工作效能在很大程度上与人体和设施、环境之间的配合有关，其主要影响因素就是人体尺寸、人体的活动范围及家具设备尺寸等。因此，人体基础数据是确定室内空间尺度的重要依据之一。

人体基础数据主要有三个方面的内容，即人体构造、人体尺度及人体的动作域等的有关数据。

1. 人体构造

与人体工程学关系最紧密的是运动系统中的骨骼、关节和肌肉。这三部分在神经系统的支配下，使人体各部分完成一系列的运动。骨骼由颅骨、躯干骨、四肢骨三部分组成，脊柱可完成多种运动，是人体的支柱，关节起连接骨骼且令其活动的作用，肌肉中的骨骼肌受神经系统指挥收缩或舒张，使人体各部分能够协调动作。

2. 人体尺度

人体尺度是人体工程学研究的最基本数据之一。人体尺度主要以人体构造的基本尺寸

为依据，是指静态的人体尺寸，是人体处于固定的标准状态下测量的。通过研究人体对环境中各种物理、化学因素的反应和适应力，人们分析环境因素生理、心理以及工作效率的影响程序，确定人在生活、生产和活动中所处的各种环境的舒适范围和安全限度，它也因国家、地域、民族、生活习惯等的不同而存在较大的差异。图2-12所示为我国男女人体立姿、坐姿的基本尺寸。

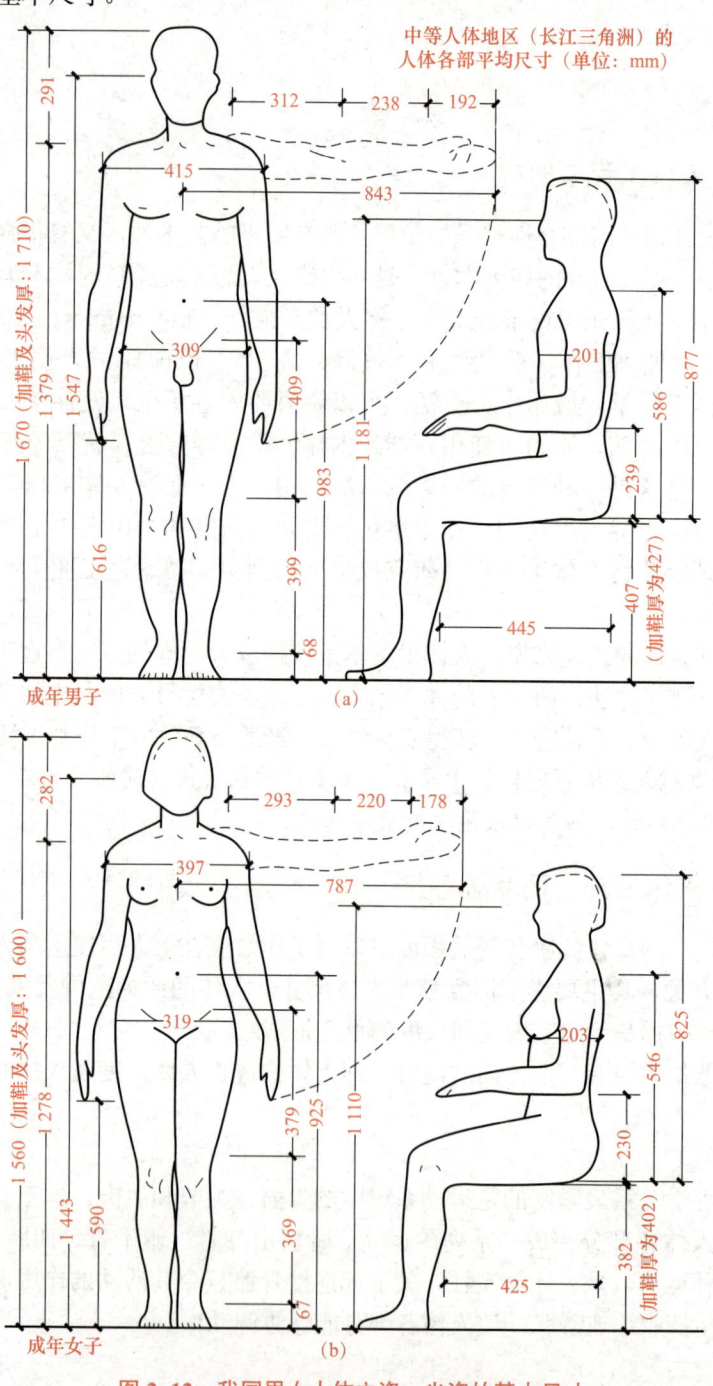

图 2-12 我国男女人体立姿、坐姿的基本尺寸
(a) 人体基本尺寸（男）；(b) 人体基本尺寸（女）

我国国家标准局发布的《中国成年人人体尺寸》(GB 10000—1988)中提供了我国从事工业生产的法定成年人人体尺寸的基础数据(男18～60岁,女18～55岁),这为我们研究人体工程学、建筑装饰设计的人体参数提供了科学的根据和标准的数据。我国不同地区人体各部位平均尺寸见表2-1。

表2-1 我国不同地区人体各部位平均尺寸　　　　　mm

序号	部位	较高人体地区(河北、山东、辽宁)		中等人体地区(长江三角洲)		较低人体地区(四川)	
		男	女	男	女	男	女
1	人体高度	1 690	1 580	1 670	1 560	1 630	1 530
2	肩宽度	420	387	415	397	414	385
3	肩至头顶高度	293	285	291	282	285	269
4	正立时眼高	1 573	1 474	1 547	1 443	1 512	1 420
5	正坐时眼高	1 203	1 140	1 181	1 110	1 144	1 078
6	胸廓前后径	200	200	201	203	205	220
7	上臂长度	308	291	310	293	307	289
8	前臂长度	238	220	238	220	245	220
9	手长	196	184	192	178	190	178
10	肩高	1 397	1 295	1 397	1 278	1 345	1 261
11	1/2上肢展开全长	869	795	843	787	848	791
12	上身高度	600	561	586	546	565	524
13	臀宽	307	307	309	319	311	320
14	肚脐高度	992	948	983	925	980	920
15	指尖至地面高度	633	612	616	590	606	575
16	大腿长度	415	395	409	379	403	378
17	小腿长度	397	373	392	369	391	365
18	足背高度	68	63	68	67	67	65
19	坐高	893	846	877	825	850	793
20	腓骨高度	414	390	407	382	402	382

在建筑装饰设计中使用最多的人体构造尺寸有身高、坐高、臀部至膝盖长度、臀部的宽度、膝盖高度、膝弯高度、大腿厚度、臀部至膝弯长度、肘间宽度等,如图2-13所示。

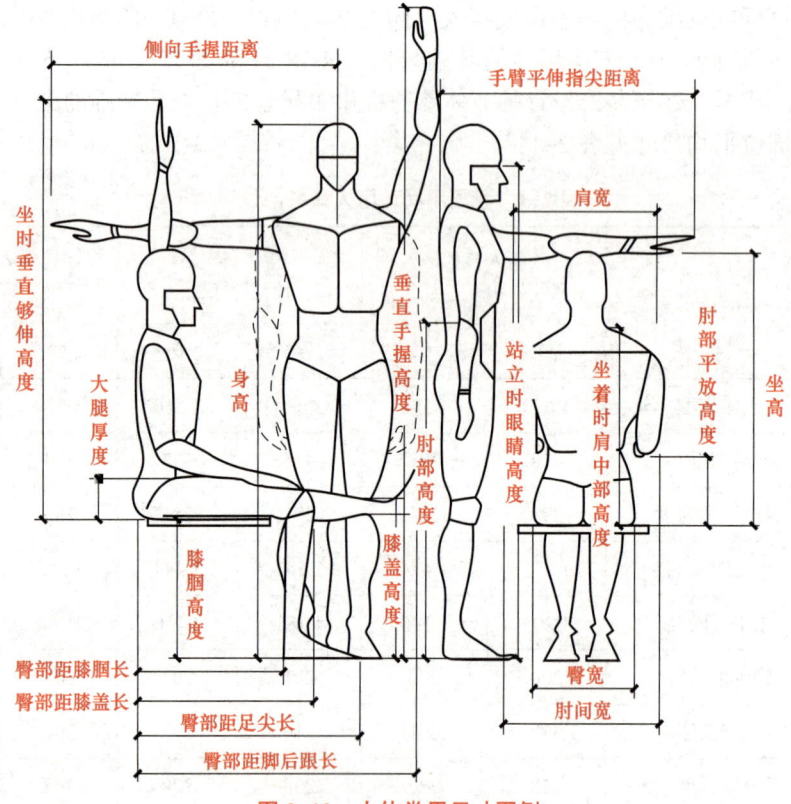

图 2-13 人体常用尺寸图例

3. 人体动作域

人们在室内各种工作和生活活动范围的大小，即动作域，它是确定室内空间尺度的重要依据因素之一。动作域也是人体功能尺寸，是指动态的人体尺寸，是人在进行某种功能活动时肢体所能达到的空间范围，其是在运动状态下测得的，功能尺寸比较复杂。如果说人体尺度是静态的、相对固定的数据，人体动作域的尺度则是动态的，其尺寸与活动情境状态有密切关联。图 2-14 所示为常见各种姿态的动作域。

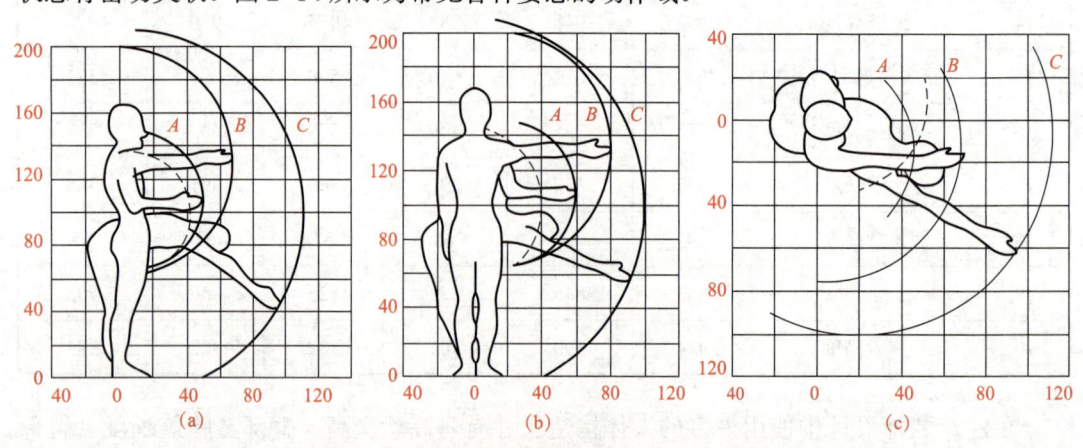

图 2-14 常见各种姿态的动作域（单位：cm）
(a) 向前伸臂上下活动范围；(b) 侧向伸臂上下活动范围；(c) 上肢水平 90°活动范围

室内设计中人体尺度具体数据尺寸的选用，应考虑在不同空间与围护的状态下，人们动作和活动的安全，以及对大多数人的适宜尺寸，并强调以安全为前提。

（1）人体垂直面活动范围。人体垂直活动范围是指手在两个垂直面的活动范围，其是以肩膀关节的距离作为手的转动中心的。最有利的活动范围（可触范围）为半径 720 mm，最有利的抓举范围限制为 580 mm，如图 2-15 所示。

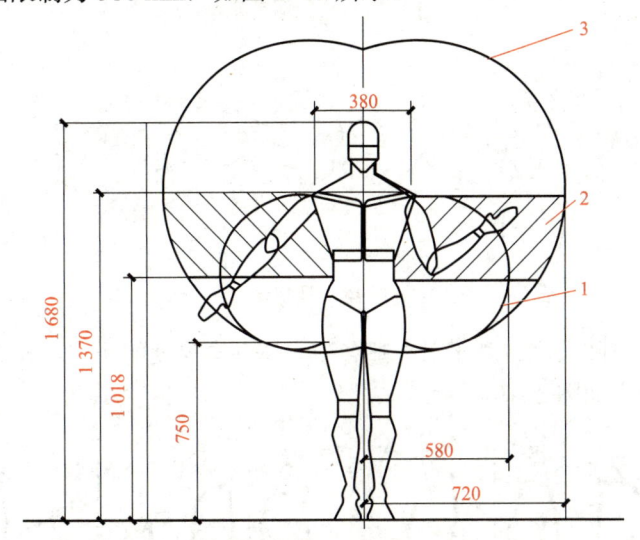

图 2-15 人体垂直面活动范围示意（单位：mm）
1—手最有利的抓举范围；2—手臂最有利的活动范围；3—手臂的最大伸展范围

（2）人体水平面活动范围。人体水平面活动范围是指手在水平面的活动范围，如图 2-16 所示。

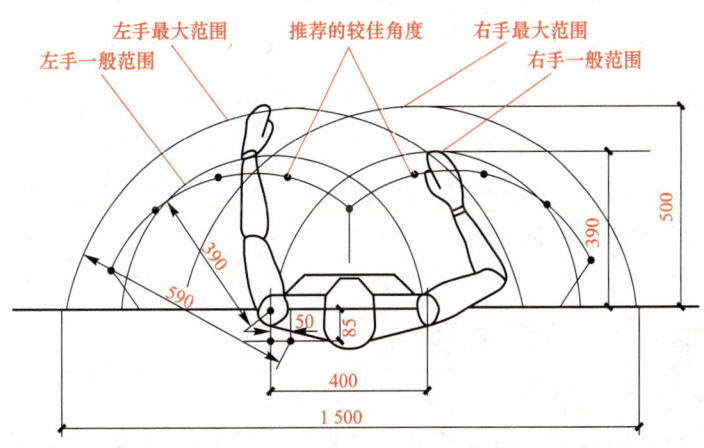

图 2-16 人体水平面活动范围示意（单位：mm）

（3）头部活动与视野。当人的头部转动时，左右方向的最大角度为 60°，向上最大角度为 5°，向下最大角度为 35°，如图 2-17 所示。当人只转动眼睛时，其左右方向的适宜角度为 15°，最大角度为 35°；就上下而言，适宜角度同样为 15°，向上最大角度为 40°，向下最大角度为 20°，如图 2-18 所示。这一组数据应用在人最佳视野范围内的布置，如客厅沙发与电视机的摆放位置、角度、高低等。

图 2-17 头部活动示意

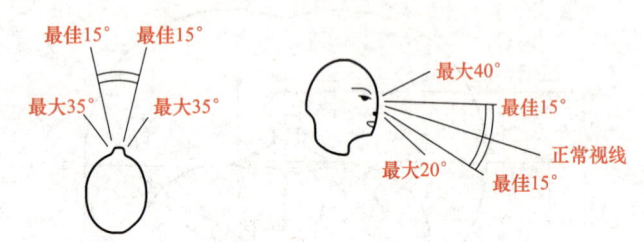

图 2-18 视野示意

（4）常用通行空间尺度。基于对上述各项人体基本尺度的研究，人们总结出了一些通行空间的常规尺度，如图 2-19 所示。

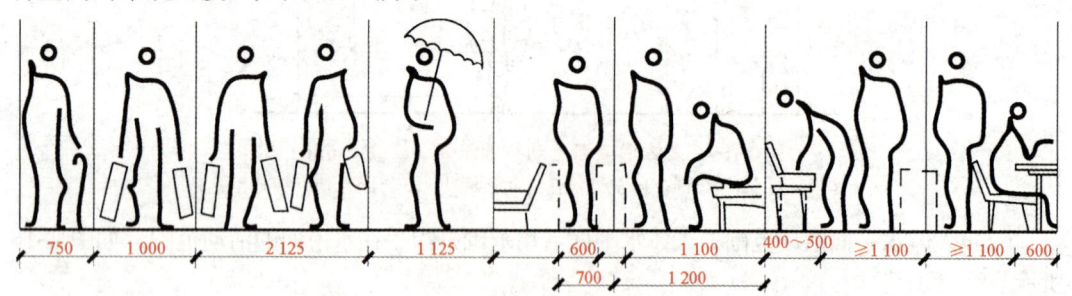

图 2-19 常用通行空间尺度示意（单位：mm）

【说一说】

《梦想改造家》中"让 43 m² L 形蜗居变身'立体胡同'"的案例是如何在空间布局中把人体工程学应用到极致的？

2.2.1.3 住宅空间人体工程学应用

1. 住宅设计规范一般要求

（1）住宅应按套型设计，每套住宅应设卧室、起居室（厅）、厨房和卫生间等基本空间。

（2）厨房应有直接采光、自然通风，并宜布置在套内近入口处。

（3）厨房应设置洗涤池、案台、炉灶及排油烟机等设施或预留位置，按炊事操作流程，操作面净长不应低于 2.10 m。

（4）卫生间不应直接布置在下层住户的卧室、起居室（厅）和厨房的上层。可布置在本套内的卧室、起居室（厅）和厨房的上层。

（5）卧室、起居室（厅）的室内净高不应低于 2.40 m，局部净高不应低于 2.10 m，且其面积不应大于室内使用面积的 1/3。

（6）利用坡屋顶内空间做卧室、起居室（厅）时，其 1/2 面积的室内净高不应低于 2.10 m。

（7）阳台栏杆设计应防止儿童攀登，栏杆的垂直杆件间净间距不应大于 0.11 m；放置花盆处必须采取防坠落措施。

（8）低层、多层住宅栏杆净高不应低于 1.05 m，中高层、高层住宅的阳台栏杆净高不应低于 1.10 m。

（9）楼梯梯段净宽不应低于 1.10 m；六层及六层以下住宅，一边设有栏杆的梯段净宽不应小于 1 m。

（10）楼梯踏步宽度不应低于 0.26 m，踏步高度不应大于 0.175 m。扶手高度不应小于 0.90 m。楼梯水平段栏杆长度大于 0.50 m 时，其扶手高度不应小于 1.05 m。楼梯栏杆垂直杆件间净空不应大于 0.11 m。

2．起居空间中人体工程学的应用

根据人们家居生活的常规方式及合理居住空间行为秩序模式，可以把家居生活分为几种活动，分别是起居、炊事、卫生、休息（图 2-20），由此可将居住空间划分为起居空间、餐饮空间、卫浴阳台空间、休憩空间。工作空间也可囊括在起居空间内。起居、餐饮空间属于动区，人们活动丰富、交流频繁，因此更靠近玄关；卫浴、休憩空间较为安静私密，属于静区，位于住宅深处更为合理。动静分隔，互不穿插，是较为合理舒适的空间划分，如图 2-21 所示。

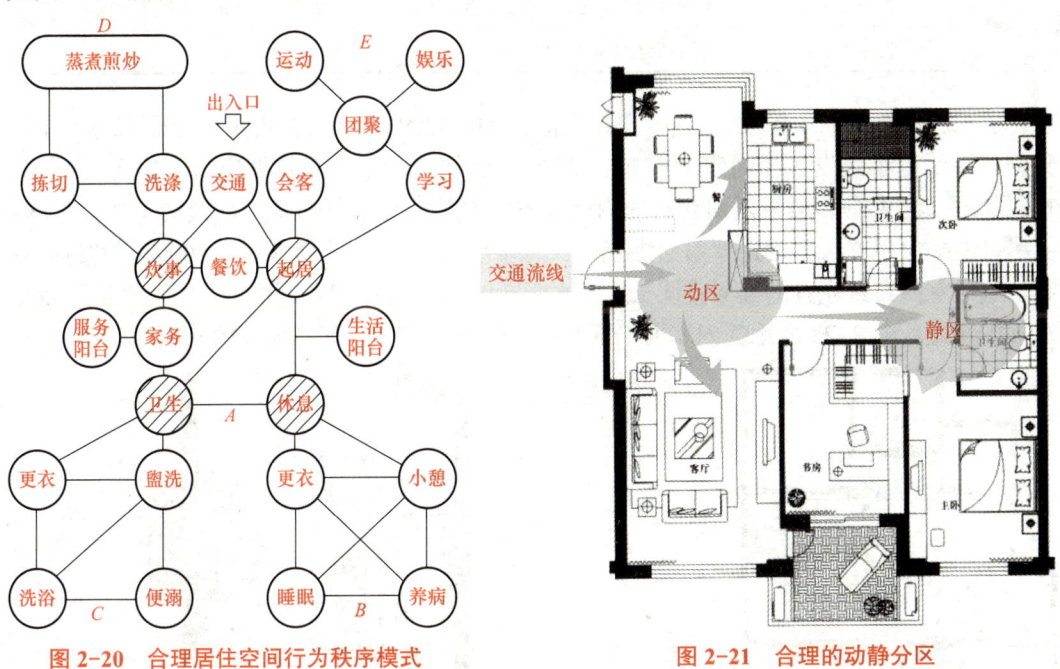

图 2-20　合理居住空间行为秩序模式

图 2-21　合理的动静分区

（1）玄关。当鞋柜、衣柜需要布置在户门一侧时，要确保门侧墙垛有一定的宽度：摆放鞋柜时，墙垛净宽度不宜低于 400 mm；摆放衣柜时，则不宜低于 650 mm。综合考虑相关家具布置及完成换鞋更衣动作，门厅的开间不宜低于 1 500 mm，面积不宜小于 2 m²，图 2-22 所示为玄关布置要点及尺寸。

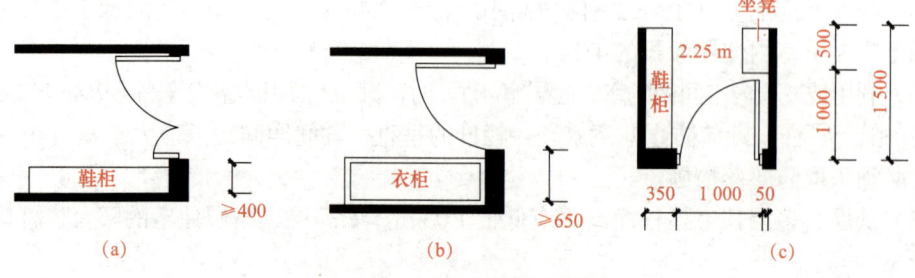

图 2-22 玄关布置要点及尺寸
(a) 摆放鞋柜时墙垛尺寸；(b) 摆放衣柜时墙垛尺寸；(c) 门厅面积参考尺寸

（2）起居室（客厅）。起居室是人们日间的主要活动场所，面积比较大，常见起居室设计尺寸见表2-2。起居室一般安排在平面中央靠近外门处，功能区和通道要进行合理的划分，方便和各房间联系。起居室的家具主要有沙发、茶几、电视柜等，次要的还有一些装饰性的家具各种设备等。

表 2-2　常见起居室设计尺寸

面积	起居室相对独立	使用面积一般在 15 m² 以上
	起居室与餐厅合二为一	两者的使用面积控制在 20～25 m²；或共同占套内使用面积的 25%～30%
开间（面宽）	常用尺寸	一般 110～150 m² 的三室两厅套型中，常见起居面宽为 3 900～4 500 mm
	经济尺寸	地面宽度条件或单套总面积受限制时，起居面宽可缩至 3 600 mm
	舒适尺寸	面宽可达到 6 000 mm 以上

关于起居室的面积标准，《住宅设计规范》（GB 50096—2011）规定最低面积为 12 m²，我国城市示范小区设计导则建议为 18～25 m²。起居室的采光口宽度应以不小于 1.5 m 为宜。起居室的家具一般沿两面相对的内墙布置，设计时要尽量避免开向起居室的门过多，应可能提供足够长度的连续墙面供家具"倚靠"[《住宅设计规范》（GB 50096—2011）规定，起居室内布置家具的墙面直线长度应大于 3 000 mm]；如若不得不开门，则应尽量相对集中布置。图 2-23 所示为内墙面长度与门的位置对起居室家具摆放的影响。

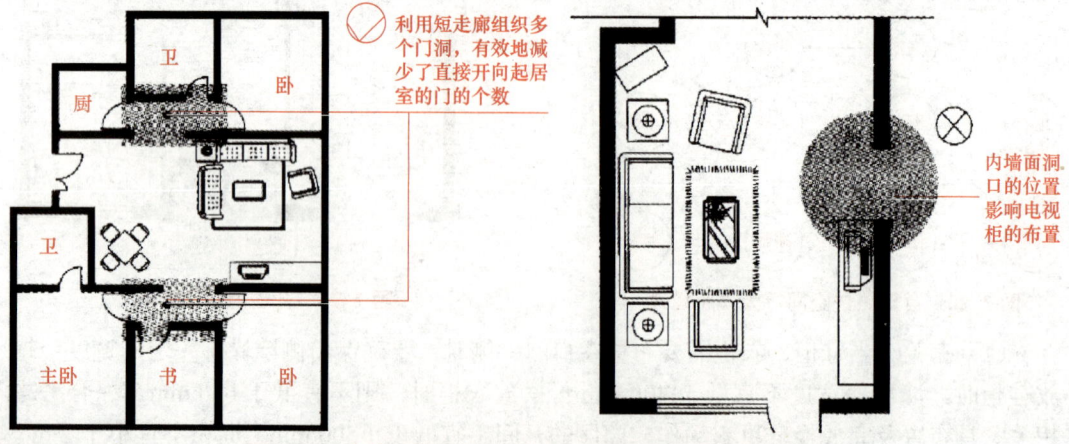

图 2-23　内墙面长度与门的位置对起居室家具摆放的影响

1）电视柜/电视的距离。电视柜的长度可根据电视尺寸或背景墙形式来确定，宽度为 550～600 mm，高度应根据保证屏幕中心位于自然视线附近，高度为 300～600 mm。人眼至电视屏幕距离通常应不小于屏幕尺寸 5 倍的距离，最小不低于 2.5 m（图 2-24）。

图 2-24　电视柜布置参考数据

电视的最佳观看距离不仅和电视尺寸相关，还与电视的清晰度密不可分。同尺寸，分辨率更高的电视建议更近的距离观看，可以很好地感受到画面的细腻感。目前国家并未有最佳视距的标准规范，各品牌给出的建议观看距离也各不相同，不过有一点是可以确定的，那就是根据客厅面积选择电视尺寸，客厅面积大，选择尺寸大的；在相同尺寸下，应优先选择分辨率高的（表 2-3）。

表 2-3　电视距离

电视尺寸	建议观看高度（=有效显示区域高度的对应倍数）	有效显示区域高度数值/mm	距离=1.5 倍高度/mm	距离=3 倍高度/mm	距离=4 倍高度/mm	推荐距离区间值/m
40 英寸高清	3～4	498.15	747.225	1 494.45	1 992.6	1.5～2.0
43 英寸高清	3～4	529.254	793.881	1 587.762	2 117.016	1.6～2.1
48 英寸 4K	1.5～3	592.92	889.38	1 778.76	2 371.68	0.9～1.8
55 英寸 4K	1.5～3	680.4	1 020.6	2 041.2	2 721.6	1.0～2.0
60 英寸 4K	1.5～3	740.988	1 111.482	2 222.964	2 963.952	1.1～2.2
65 英寸 4K	1.5～3	803.52	1 205.28	2 410.56	3 214.08	1.2～2.4
70 英寸 4K	1.5～3	865.62	1 298.43	2 596.86	3 462.48	1.3～2.6

2）沙发和茶几。起居室沙发等座椅多为软体类家具，单人沙发尺寸总长为 800～1 100 mm，双人为 1 300～1 700 mm，三人为 1 800～2 200 mm，总宽为 800～1 000 mm，总高为 800～1 200 mm，其中座高为 350～400 mm，图 2-25 所示为常见沙发尺寸。茶几高度为 450～600 mm，茶几的平面形状及长、宽尺寸可任意确定。

沙发的进深决定了不同身高的人坐上去是否舒服。如果沙发进深小，高个子的人坐着的时候，大腿会部分悬空，舒适度大打折扣。如果沙发进深大，个子矮的人背挺直时难以靠到沙发靠背，腰部悬空，会感到非常不适。

市面上沙发进深常见的尺寸是 95 cm，这种进深适合身高在 1.7 m 以下的人。身高在 1.7 m 以上的人最好选择进深为 105 cm 的沙发，这样才能彻底缓解背部的紧张状态。如果业主身高 160 cm，而其家人身高 180 cm，尽可能按照家人的身高选择进深大一点的沙发。毕竟沙发进深大，个子矮的人更容易调整成舒服的姿势，而进深小，高个子的人无论哪种姿势都不会舒服。如果身高差距小，基本能买到两个人都合适的沙发进深（图 2-26）。

沙发与茶几的最佳距离应该为 40～45 cm，不仅方便拿取茶几上的东西，也让腿脚有活动空间，从而避免磕碰。

根据常用人体尺度和动作域，要对起居室的功能区和通道进行合理的划分。图 2-27

所示为沙发摆放距离及通道宽度的合理规划。

图 2-25 常见沙发尺寸

图 2-26 沙发进深对人使用舒适度的影响

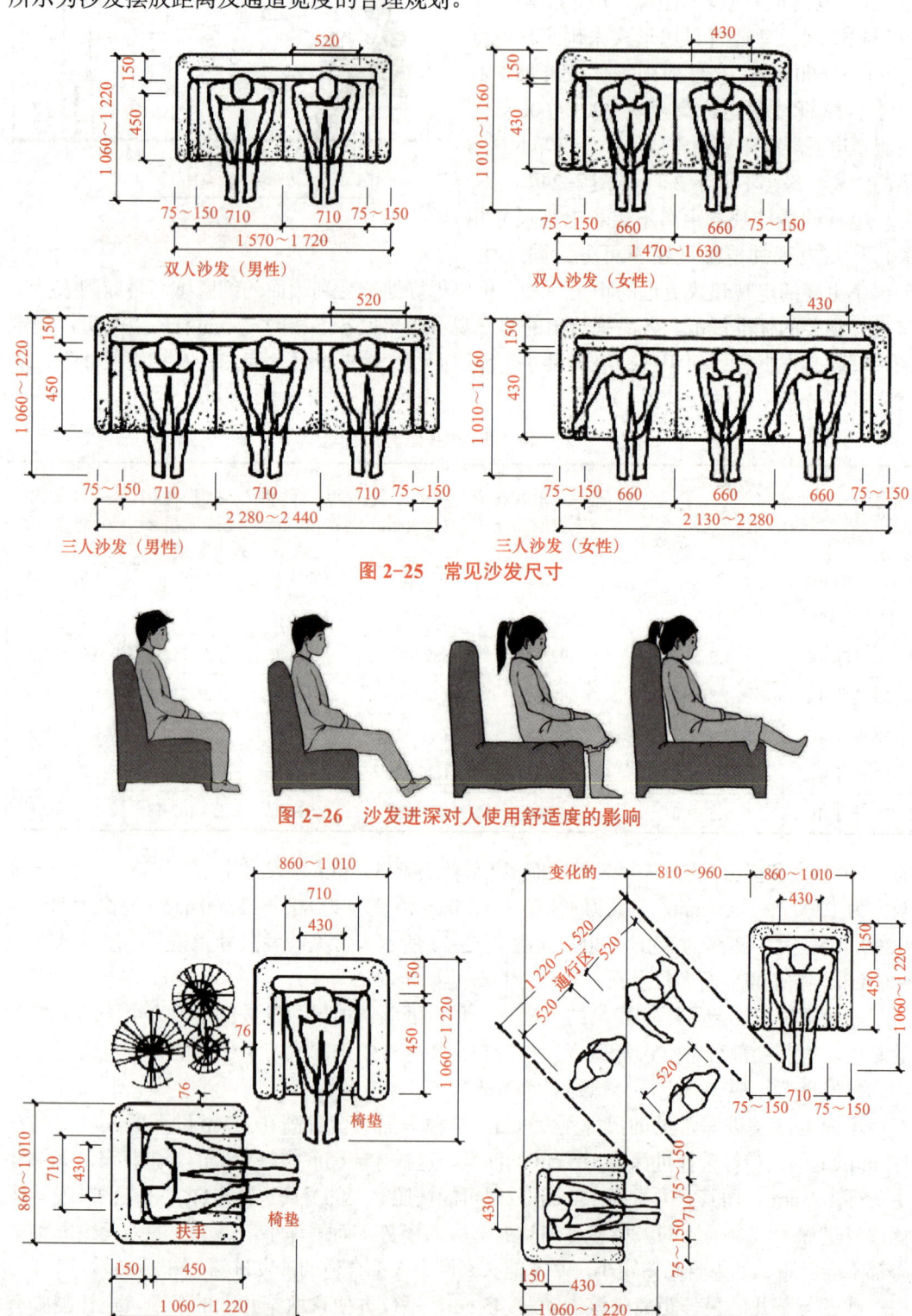

图 2-27 沙发摆放距离及通道宽度的合理规划
(a) 拐角处沙发椅布置；(b) 可通行的拐角处沙发布置

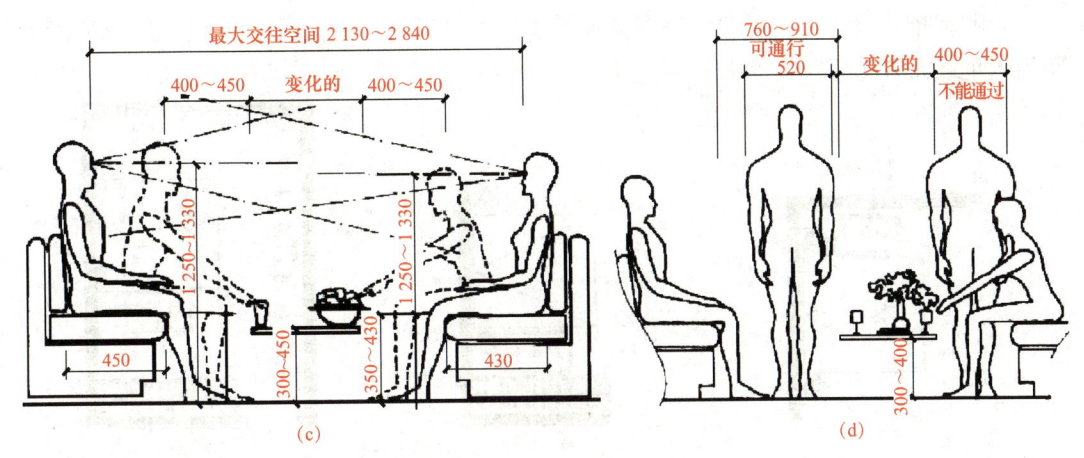

图 2-27 沙发摆放距离及通道宽度的合理规划（续）
(c)、(d) 沙发间距

（3）休憩空间（卧室）。卧室是家庭生活中最重要的部分，人生中有 1/3 的时间要在这里度过。卧室分主卧和次卧。卧室在平面中央远离外门处，一般处于住宅最深处，是整套居室中最具隐私的部分，需要私密性和安全感。卧室应有直接采光、自然通风。因此，住宅设计应千方百计将外墙让给卧室，保证卧室与室外自然环境有必要的直接联系，如采光、通风和景观等。卧室空间尺度比例要恰当。一般开间与进深之比不要大于 1：2。卧室家具主要有床、衣柜等，次要家具如梳妆台、沙发等。图 2-28 所示为一般卧室家具的布置要点。

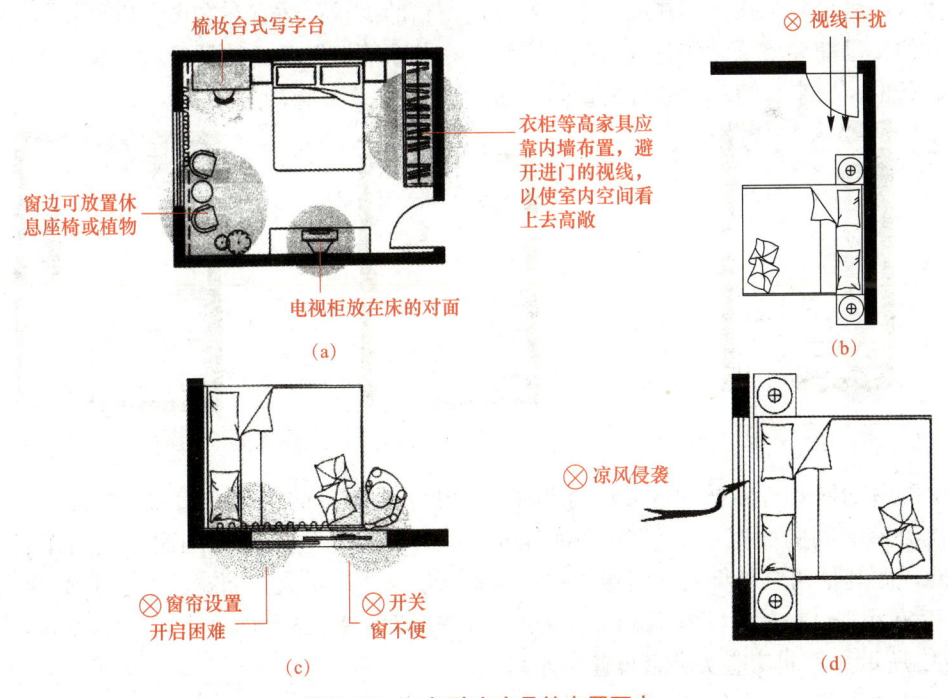

图 2-28 一般卧室家具的布置要点
(a) 主卧室家具布置要点；(b) 床对门布置影响卧室私密性；
(c) 床紧邻窗摆放影响窗的开关操作和窗帘设置；(d) 床头对窗布置易受凉风侵袭

如卧室布置婴儿床，需要考虑婴儿床的大小、防风及过道交通问题。图2-29所示为婴儿床布置优劣比较。

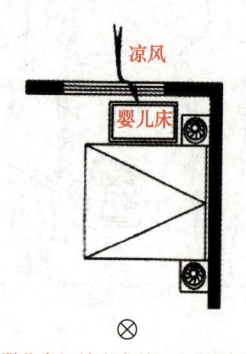

婴儿床摆放在窗前，儿童易受风和灰尘的影响

婴儿床的摆放妨碍通行，同时影响衣柜门的开启

婴儿床摆放位置合适

图2-29　婴儿床布置优劣比较

房间服务的对象不同，其家具及布置形式也会随之改变，子女用房的家具、设备类型包括单人床、床头柜、书桌、座椅、衣柜、书柜、计算机等。子女房的家具布置要注意结合不同年龄段孩子的特征进行设计。比如，对13～18岁的青少年来说，房间既是卧室，也是书房，还可以充当客厅，有和小伙伴独立私密相处的需求。因此，青少年卧室需要具备睡眠区、学习区、休闲区和储藏区四个功能区，如图2-30所示。

3～12岁的儿童，年龄较小，与青少年用房比较，还要特别考虑到可以设置上下铺或两张床，满足两个孩子同住或有小朋友串门留宿的需求；适宜在书桌旁边另外摆一把椅子，方便父母辅导孩子做作业或与孩子交流；在儿童能够触及的较低的地方有进深较大的架子、橱柜，用来收纳儿童的玩具箱等。图2-31所示为儿童用房布置参考。

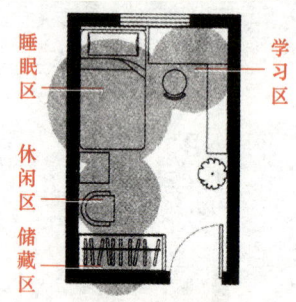

图2-30　青少年用房的分区布置

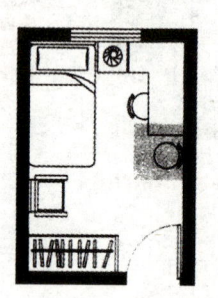

图2-31　儿童用房布置参考

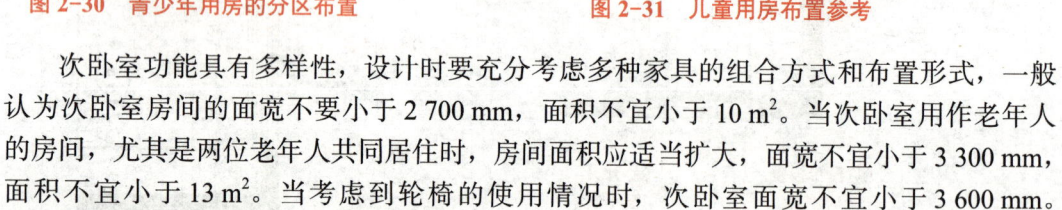

次卧室功能具有多样性，设计时要充分考虑多种家具的组合方式和布置形式，一般认为次卧室房间的面宽不要小于2 700 mm，面积不宜小于10 m²。当次卧室用作老年人的房间，尤其是两位老年人共同居住时，房间面积应适当扩大，面宽不宜小于3 300 mm，面积不宜小于13 m²。当考虑到轮椅的使用情况时，次卧室面宽不宜小于3 600 mm。图2-32所示为不同功能次卧室布置参考。

床的最佳高度要结合床垫考虑，与欧美国家习惯不同，我国人群普遍不爱睡高床，建议床和床垫加起来的高度为40～55 cm，如果超过60 cm，就可能让人产生一种"爬上桌子睡觉"的感觉，而且对于老人和小孩而言，上下床也不方便。

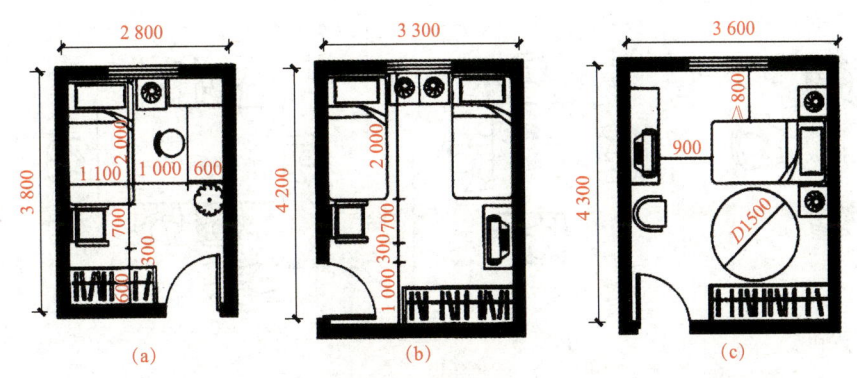

图 2-32 不同功能次卧室布置参考（单位：mm）
(a) 单人间次卧室；(b) 双人间次卧室；(c) 考虑轮椅使用情况的次卧室

床头的吊灯或壁灯，过高不易聚光、过低容易碰头，如果灯口朝下，以人坐在床边的高度为准，出光口与视线齐平或略高于视线即可。

（4）餐饮空间（餐厨）。餐桌上是家人、亲戚、朋友把酒言欢的地方，中国人讲究在餐桌上沟通感情。在家具配置上，就餐的餐桌与餐椅必不可少，应根据家庭日常进餐的人数来确定，还要考虑宴请宾客的需要。在面积不足的情况下，可以采用折叠式桌椅，以增强在使用上的机动性。根据用餐区域的大小与形状及用餐习惯，选择尺度适宜的家具。形式上一般采用长方形、正方形、圆形或椭圆形的餐桌，在空间有限的地方，圆形或椭圆形的桌子比相同外径的方桌或长桌更便于就座，空间会更大一些。餐椅的造型与色彩要与餐桌相协调，并与整个餐厅格调一致。配置相应的餐柜或酒柜以供存放或陈列餐具、酒具、饮料、餐巾纸等就餐辅助用品。另外，还可以考虑设置临时存放食品用具的空间。考虑布局时，通常将桌子放在正中间，餐柜或酒柜靠着墙的角落摆放。

1）餐桌。餐桌通常包括方桌和圆桌。760 mm×760 mm 的方桌和 1 070 mm×760 mm 的长方形桌是常用的餐桌尺寸。如果椅子可以伸入桌底，即使是很小的角落也可以放一张六人座位的餐桌，用餐时只需将餐桌拉出一些即可。760 mm 的餐桌宽度是标准尺寸，宽度不宜小于 700 mm，否则，人在对坐时会因餐桌太窄而互相碰到。餐桌的高度一般为 730～760 mm，搭配 415 mm 高度的座椅。在一般小型居住空间中，如采用直径为 1 200 mm 的餐桌会过大，可采用一张直径为 1 140 mm 的圆桌，同样可坐 8～9 人，但空间就会开敞很多。如果采用直径为 900 mm 以上的餐桌，虽然可坐多人，但不宜摆放过多椅子，可以在需要时使用折叠椅。图 2-33 所示为餐桌使用基本尺寸。另外，餐桌尺寸可以根据全屋面积和家中常住人口的数量进行选择，但是无论是四人桌还是多人桌，就餐区域都要考虑就餐人员坐下后的可通行间距，一般后方至少要留出 60 cm 的可通行距离（图 2-34）。

2）餐椅。餐椅太高或太低，吃饭时都会使人感到不舒适，餐椅高度一般以 410 mm 左右为宜。除家具本身的尺寸外，还要注意留出每个人所需的就餐空间，如餐桌上吊灯距离餐桌不能低于 700 mm，这样既不遮挡用餐人的视线，又能将灯光覆盖到整个桌面，增加用餐氛围感，否则会影响人在餐桌边上夹菜、布置餐具的活动。图 2-35 所示为就餐空间立面尺寸。图 2-36 所示为最小用餐单元宽度。图 2-37 所示为不同情境下吊灯的使用高度。

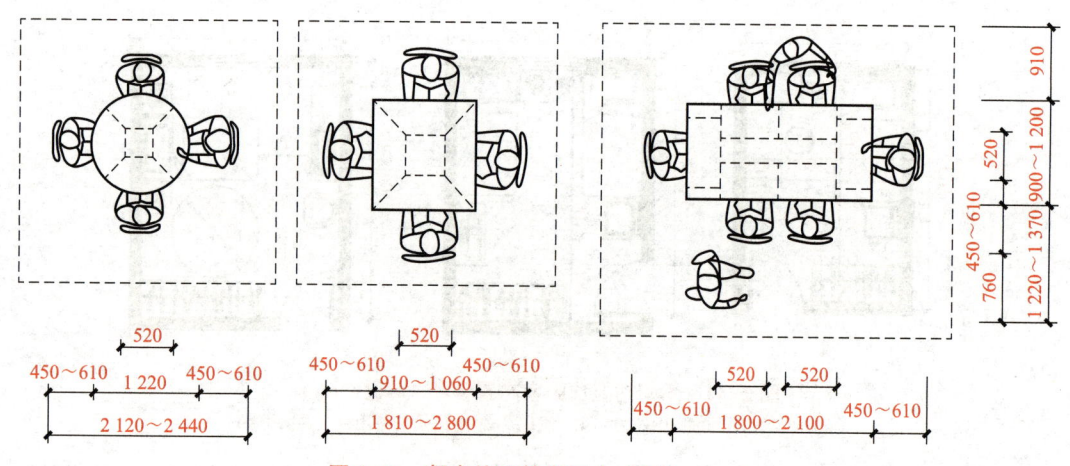

图 2-33　餐桌使用基本尺寸（单位：mm）

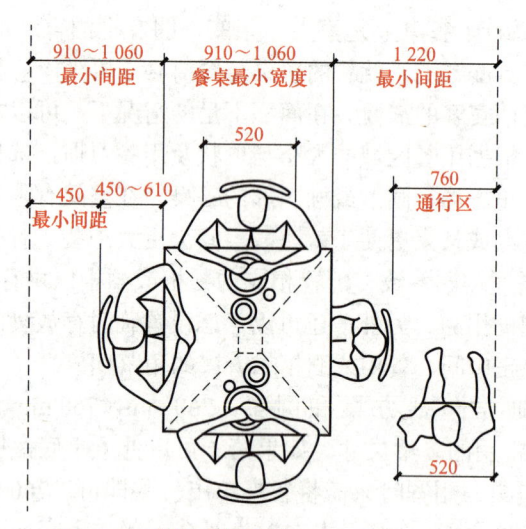

图 2-34　就餐空间最小尺寸（单位：mm）

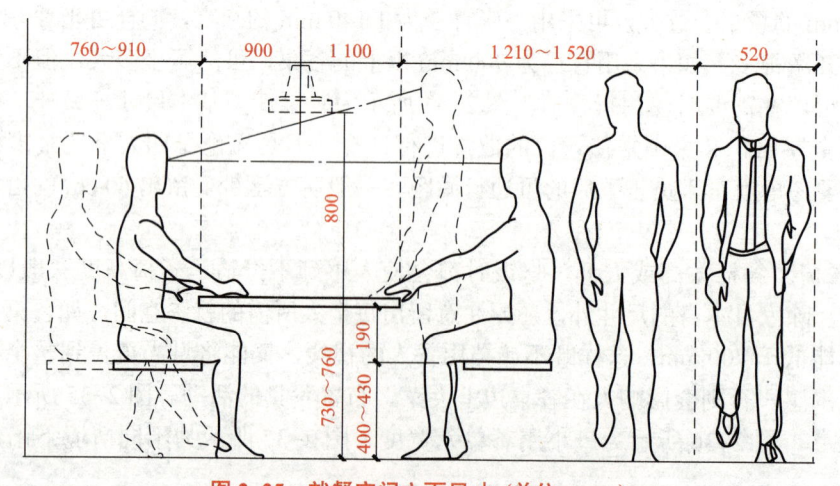

图 2-35　就餐空间立面尺寸（单位：mm）

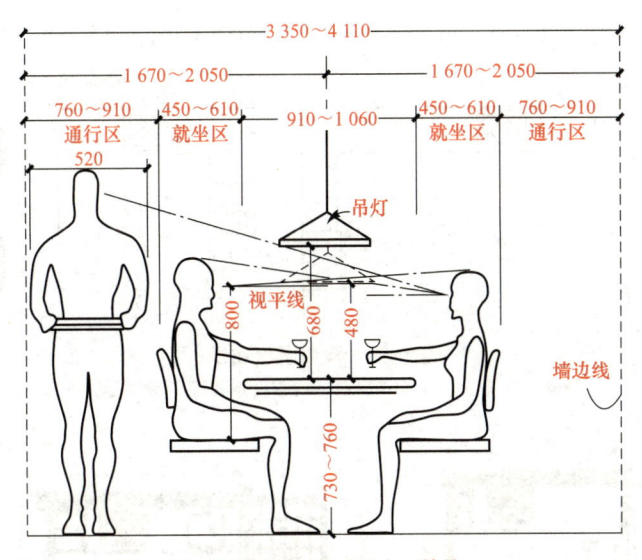

图 2-36 最小用餐单元宽度（单位：mm）

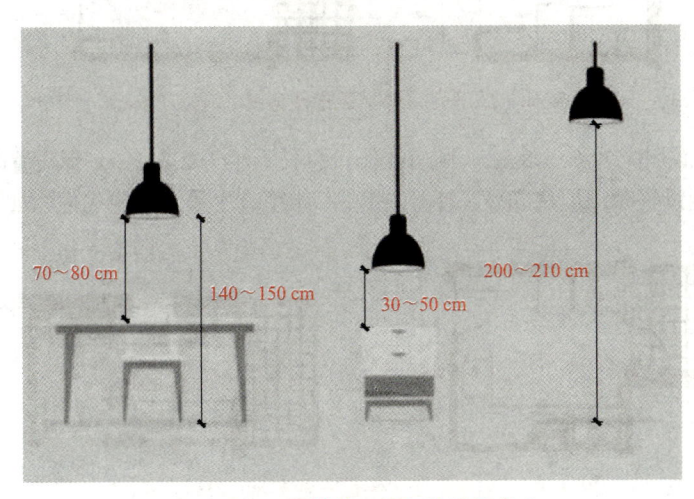

图 2-37 不同情境下吊灯的使用高度

3）吧台。市面上常见的吧台高度为 105 cm 左右，搭配上专门的吧台椅，可以营造出很好的氛围。如果想给吧台附以用餐功能，吧台高度建议更低一些，可以在 75 cm 左右，否则用餐人吃饭的时候便会感到脖子很酸（图 2-38）。

4）厨房。厨房设备及家具的布置应按照烹调操作顺序来布置以方便操作，要对功能区和通道进行合理划分。常见的厨房布局有Ⅰ型、L形、U形、Ⅱ型等，如图 2-39 所示。厨房按面积分成三种类型，即经济型、小康型、舒适型。经济型厨房面积应为 $5\sim6\,m^2$；厨房操作台总长不小于 2.4 m；Ⅰ型和 L 形设置时，厨房净宽不小于 1.8 m，

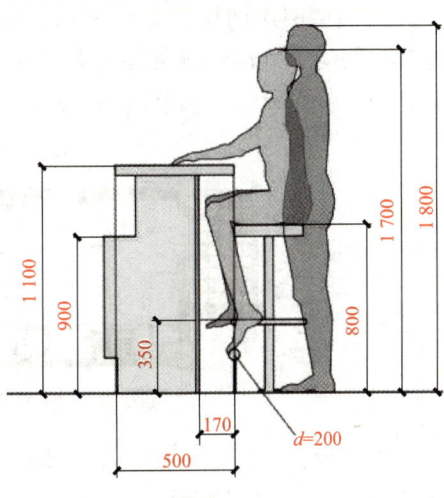

图 2-38 参考吧台尺寸（单位：mm）

Ⅱ型设置时，厨房净宽不小于 2.1 m；冰箱可置于厨房内，也可置于厨房近旁或餐厅内，如图 2-40 所示。

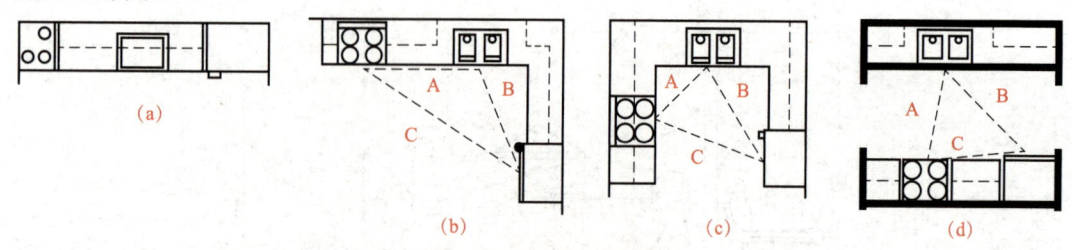

图 2-39　常见厨房布局
(a) Ⅰ型的布置；(b) L 形的布置；(c) U 形的布置；(d) Ⅱ型的布置

图 2-40　经济型厨房平面布置参考（单位：mm）

小康型厨房面积应为 6～8 m²；厨房操作台总长不小于 2.7 m；L 形设置时，厨房净宽不小于 1.8 m；Ⅱ型设置时，厨房净宽不小于 2.1 m；冰箱应尽量置于厨房内，如图 2-41 所示。

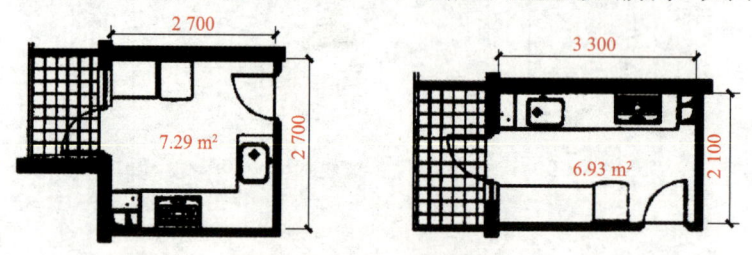

图 2-41　小康型厨房平面布置参考（单位：mm）

舒适型厨房面积应为 8～12 m²；厨房操作台总长不小于 3.0 m；Ⅱ型设置时，厨房净宽不小于 2.4 m；冰箱置于厨房内，并能放入小餐桌，形成 DK 式厨房（Kitchen with Dining，餐室厨房），如图 2-42 所示。

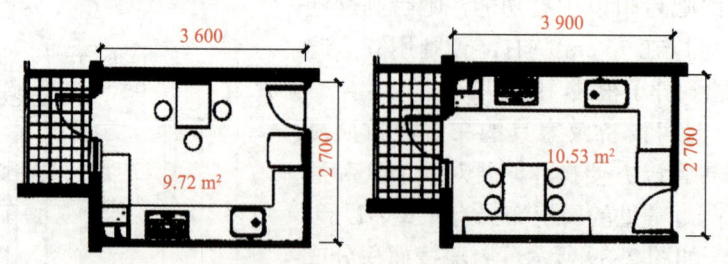

图 2-42　舒适型厨房平面布置参考（单位：mm）

厨房操作台面、吊柜、地柜及厨房设备和器具均能触手可及。通道及操作区单人操作大于 900 mm；双人操作应大于 1 100 mm。

5）操作台。操作台高度一般分 800 mm、850 mm、900 mm 三种（包含灶具高度），特别是供残疾人使用的操作台高度设为 750 mm。肘部与操作台的距离对工作的舒适度非常重要，在比肘部（上臂垂直，前臂呈水平状）低 75 mm 的操作台面上工作会令人感到舒适省力。台面高度最好根据家中常下厨的人身高来定，依照常用的"洗菜不弯腰"黄金公式：使用者身高 /2 +（5～10）cm。也就是说，一个身高为 170 cm 的人，台面高度为 90～95 cm 是最适合的；一个身高为 180 cm 的人，则需要 95～100 cm。

6）灶台。操作台面高度减去 8～10 cm，就是灶台的高度。在空间允许的条件下，最好能实现三分区（灶台区低、备菜区中、水槽区高），既能更好地避免使用者在洗菜时弯腰带来的不适，又能减轻炒菜时给手肘带来的负担。灶台面与吸油烟机之间的垂直距离一般不低于 450 mm（图 2-43）。

7）橱柜。橱柜中的地柜常见进深为 60 cm，中间过道一般预留 90 cm，确保在此空间内使用者能舒适活动，包括蹲下打开底部柜门。吊柜长度可任意，宽度一般不小于 300 mm，但应小于案台宽度；吊柜进深一般为 35 cm，确保使用的安全性及便捷性。吊柜高度一般在台面的基础上加 55～60 cm。确保使用者在安全的情况下，可以方便地够到吊柜 1～2 层的所有物品，并且不会影响摆放在台面上的大多数小家电。其高度可根据室高而定。吊柜安装高度应大于 1 400 mm。

8）水池。水池离通风口的距离至少为 200 mm，这样使用者的胳膊和锅碗瓢盆就不会碰到墙上。橱柜及水池布置如图 2-44 所示。

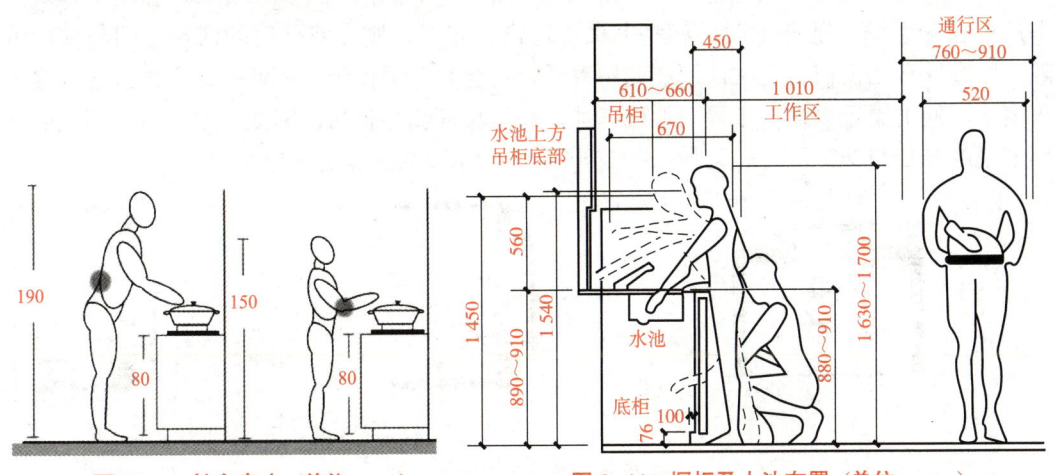

图 2-43 灶台高度（单位：cm）

图 2-44 橱柜及水池布置（单位：mm）

（5）工作空间（书房）。工作空间也可归为起居空间，由于其布置有特殊要求，此处单独列出。书房是人们在家学习、工作和思考问题的地方，在板式住宅（东西长、南北短的住宅建筑）中，书房的进深大多为 3～4 m。因受结构对齐的要求及相邻房间大进深的影响（如起居室、主卧室等进深都在 4 m 以上），书房进深若与之对齐，空间势必变得狭长。为了保持空间合适的长宽比，应注意相应减少书房进深，以免影响采光。

书房中的主要家具（如书柜、工作台、椅子、沙发等）要实用，其大小、尺寸必须能满足人的使用习惯，否则人在书房里坐久了，会身体酸痛、头昏眼花。例如，座椅、工作台面、书架的宽度、高度都要精心考虑，书桌、椅子是书房中和人接触最多的家具，对人体的健康有着不可忽视的影响。若小空间摆很大的桌椅，除走动不方便外，连活动空间也变小了，人在里面磕磕碰碰，十分不便。一般来讲，书桌椅和书柜宜占整个空间的45%，太大、太多就会显得空间压抑。图2-45所示为书房常见布置形式。

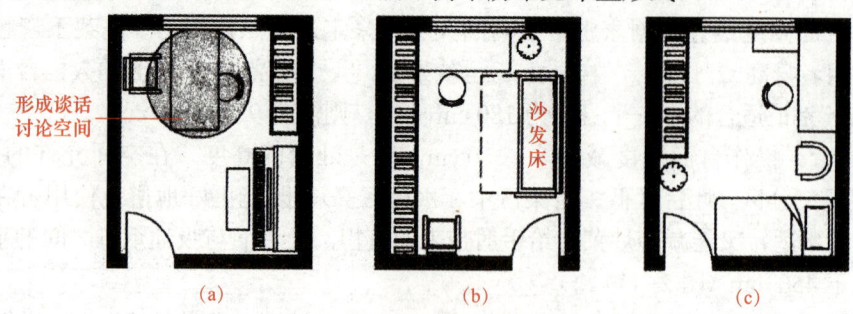

图2-45　书房常见布置形式
(a) 书房中形成谈话讨论空间；(b) 书房中设置沙发床；(c) 书房中摆放单人床

做学术性工作或用计算机工作的人，往往需要较大的桌面以方便工作，如挑选有副桌的伸缩性电脑桌，工作起来会方便很多。一般书桌高度以70～80cm为宜，高度为45～50cm（最好有椅背）的座椅较适合成年人使用。如果身材特殊者使用，宜选择可调节高矮的书桌椅。

在进行书桌布置时，还要考虑到光线的方向，尽量使光线从左前方射入；同时，当时常有直射阳光射入时，不宜将工作台正对窗布置，以免强烈变化的阳光影响读写工作。当书房的窗为低窗台的凸窗时，如将书桌正对窗布置时，则会将凸窗的窗台空间与室内分隔，则会导致凸窗窗台无法使用或利用率低，也会给开关窗带来不便。北方地区暖气多置于窗下，使书桌难以贴窗布置，形成缝隙，易使桌面物品掉落。因此，设计时要预先照顾到书桌的布置与开窗位置的关系。图2-46所示为书桌布置常见问题。

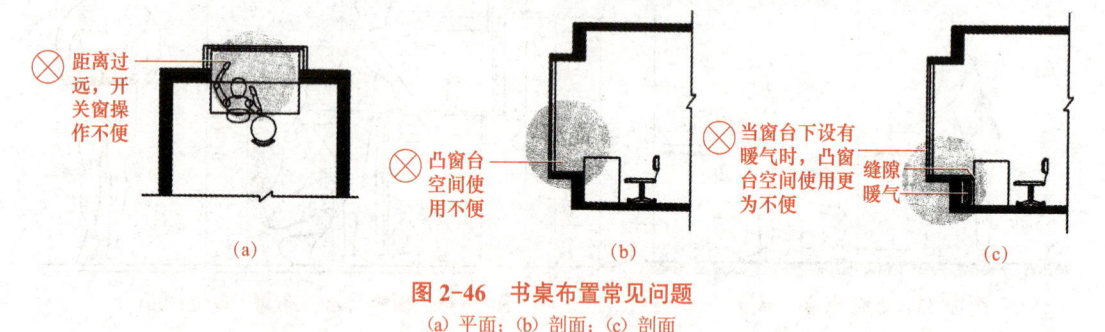

图2-46　书桌布置常见问题
(a) 平面；(b) 剖面；(c) 剖面

（6）卫浴阳台空间。卫生间要合理地布置"三大件"，即洗手盆、蹲（坐）便器、淋浴间。楼房通常已安排"三大件"的位置，各样的排污管也是相应安置好的，一般不要轻易改动"三大件"的位置。"三大件"基本的布置方法是由低到高设置。即从卫生间门口开始，最理想的是洗手台对着卫生间门，而坐便器紧靠其侧，把淋浴间设置在最内端。这样，无论从作用、生活功能或美观上都是流畅的。

1）盥洗台。根据卫生间大小选择，不宜过大，一般3 m^2 的卫生间配备1.2 m×0.6 m的洗手台。台盆高度为80～85 cm比较舒适，若需要安装浴室镜，原则是镜子中央正对人脸。洗手台的镜子尽量大一些，因为它以可充分扩大小卫生间的视觉效果，从容易清洁及美观来看，一般设计与洗手台同宽即可，如图 2-47 所示。

2）马桶/蹲厕。坐便器的前端到前方门、墙或洗脸盆（独立式、台面式）的距离应保证为 500～600 mm，以便使用者做站起、坐下、转身等动作时能比较自如，左右两肘撑开的宽度不小于 750 mm，如图 2-48 所示，坐便器左右两侧的预留距离建议大于 20 cm，前方预留至少 40 cm，方便放脚和移动，与厕纸架的距离建议不超过 30 cm，这样可以使拿取更方便，如图 2-49 所示。因此，坐便器的最小净面积尺寸应为 800 mm×1 200 mm（图 2-50）。

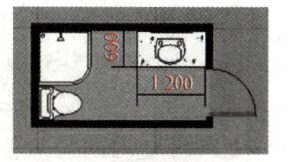

图 2-47　盥洗台常见尺寸

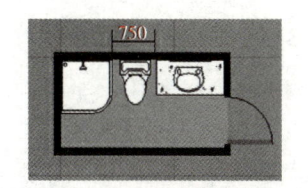

图 2-48　如厕活动空间尺寸（单位：mm）

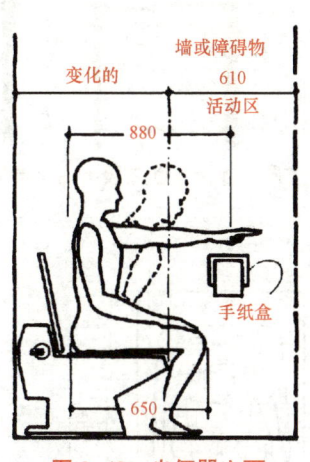

图 2-49　坐便器立面（单位：mm）

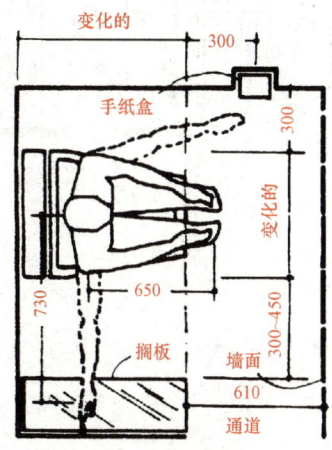

图 2-50　坐便器动作域（单位：mm）

3）浴缸与淋浴间。淋浴间的标准尺寸是 0.9 m×0.9 m（图 2-51），理想淋浴空间尺寸是 1 m×1 m，不要小于 0.8 m×0.8 m，否则连转身、擦背也会碍手碍脚。目前淋浴间设施两大趋向是把卫生间里端用玻璃或浴帘间隔起来做一个大浴间或到市面定制或买现成的小型带门淋浴间。花洒分为暗置与明装两种。一般暗置花洒墙面暗埋出水口中心距离地面应为 2.1 m，淋浴开关中心宜距地面 1.1 m 左右。明装升降杆花洒一般以花洒出水面为界定，正常情况下以距离地面 2 m 左右为宜。当然，现在市场上有很多可调节高度的款式，若实在不能确定高度，可以站立抬手，以手指刚好碰到的高度为准（图 2-52）。

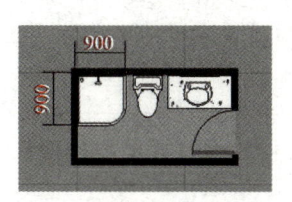

图 2-51　淋浴间尺寸（单位：mm）

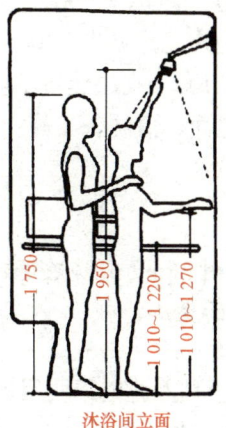

图 2-52　花洒高度（单位：mm）

如果有浴缸，为把洁具紧凑布置，可充分利用共用面积，一般面积比较小，为 3.5～5 m²。图 2-53 所示为卫浴洁具三件套平面布置参考。浴缸尺寸一定要提前规划好，如果想在浴缸周围活动，浴缸与对面墙的距离最好不小于 100 cm，要留出走动的空间，浴缸与其他墙面或物品之间的距离至少应不小于 60 cm（图 2-54）。

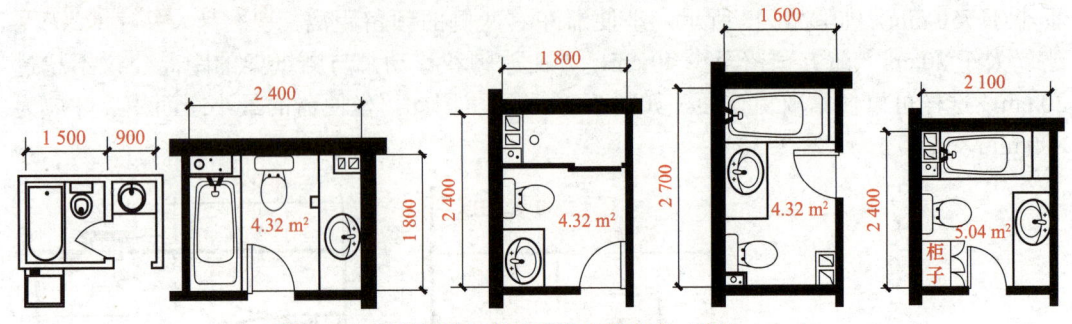

图 2-53　卫浴洁具三件套平面布置参考（单位：mm）

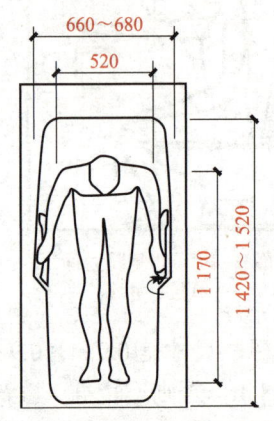

图 2-54　单人浴缸平面尺寸（单位：mm）

开敞式阳台的地面标高应低于室内标高 30～150 mm，并应有 1%～2% 的排水坡度将积水引向地漏或泄水管。阳台栏杆需要具有抗侧向力的能力，其高度应满足防止坠落的安全要求：低层、多层住宅不应低于 1 050 mm，中高层、高层住宅不应低于 1 100 mm [《住宅设计规范》（GB 50096—2011）]。栏杆设计应防止儿童攀爬，垂直杆间净距不应大于 0.11 m，以防止儿童钻出。露台栏杆、女儿墙必须防止儿童攀爬，国家规范规定其有效高度不应小于 1.1 m，高层建筑不应小于 1.2 m。另外，还应为露台提供上下水，以方便住户浇花、冲洗地面、清洗餐具等。

【试一试】

在城中村 38 m² 旧房改造项目中，应如何通过合理的人体工程学布局让一家四口过上舒适的生活？

【思政元素融入达成素质目标】学生通过思考适合弱势群体人居的室内环境来培养社会责任感和职业使命感。

2.2.2 建筑心理行为学营造安适氛围

2.2.2.1 建筑心理学及室内空间需求

心理学是一门研究人的心理活动及其规律的科学。营造舒适、安全、优美的内部环境，就必定要研究人的心理活动，借鉴许多心理学的研究成果。人们对室内生活空间（或作业间）的要求不只是一个物理上的尺度。根据人们对室内空间的不同需要，室内空间可分为生理空间、心理空间及行为空间。其中，心理上所需空间的尺度受环境、视觉等因素的影响最大。

【思政元素融入达成素质目标】通过掌握心理行为学在室内空间的应用，学生树立科学思维、客户思维，培养以人为本的服务意识。

1. 生理空间

人的生理需求所要求的空间尺度，如视觉上需要的满足采光条件的窗户的大小、嗅觉和呼吸所要求的通风口大小、触觉上需要的适宜的温度、湿度等。

生理空间是人对空间最基本的需求，因此在设计空间之前，首先要确认空间的采光性、通透性、温湿度、噪声控制情况等基本宜居条件是否满足，如遇不良生理空间，需要先进行采光等基本条件的改善，再进行装饰设计。

2. 心理空间

当人们处于室内环境的包围之中时，思想、情绪和行为等心理要素也同时被室内环境影响。人的心理空间并非一定与实际物理空间的大小尺度一致，同样的物理空间，使用不同的装饰方法会产生不同的心理暗示，进而形成不同甚至相反的心理空间。例如，对于面积相同的一间屋子，空旷无一物或堆置着满满的物品，前者让人觉得屋子大，后者让人觉得屋子逼仄；又或者同样面积布局的房子，顶棚、墙、地面各界面都是黑色/深色饰面与全是白色/浅色饰面，给人的感觉截然相反，大面积黑色/深色使空间看起来厚重、狭小，大面积白色/浅色则会使空间看起来清爽、宽敞。这就是空间环境因素，包括空间的大小、空间的围合元素、设备家居元素、空间气氛元素等。不同的装饰搭配方式带给人不同的心理空间，如图 2-55 所示。

图 2-55 不同的装饰搭配方式营造不同的心理空间

前些年在我国一线二线城市出现的胶囊式公寓的作用是让外来务工人员或毕业生等低收入劣居群体解决过渡性住房问题，适用于蚁居族的蜗居生活状态。胶囊公寓源于日本的"胶囊旅馆"，空间小、彼此紧挨，因其形状酷似一排排摞起的胶囊而得名。尽管"胶囊公寓"的设计理念是在保证住客睡眠、休息舒适度的前提下，将私人空间做到合理的最小化，并把节约出来的有效空间供多人共享，从而有效达到旅宿环境的最大化，属于一种低碳、环保的空间运营模式，但这些年来，胶囊公寓的反响不够热烈，人们通常到此体验新鲜的住宿环境，而并不愿长期租住（图2-56）。

图2-56 西安2.52 m² "胶囊公寓"

【思政元素融入达成素质目标】学生通过思考适宜弱势群体人居的室内环境来激发其社会责任感和职业使命感。

一般"胶囊公寓"每间2～4.5 m²，公寓内电视、梳妆台、电脑桌、无线宽带等设施一应俱全，如图2-57所示，价格为20～50元/天，加上辅助空间（如厨房、卫生间、活动间、过道等），人均使用面积可以达到6 m²。虽有相对独立的空间，但大多数人宁愿选择人均使用面积2.5 m²几乎无隐私可言的多人间聚居空间，就是因为"胶囊公寓"容易让蜗居在其中的人感到憋闷和窒息，由于无窗而产生闭塞、孤独之感，长此以往，极易产生心理危害，如图2-58所示。

图2-57 "胶囊公寓"单间内设施示意

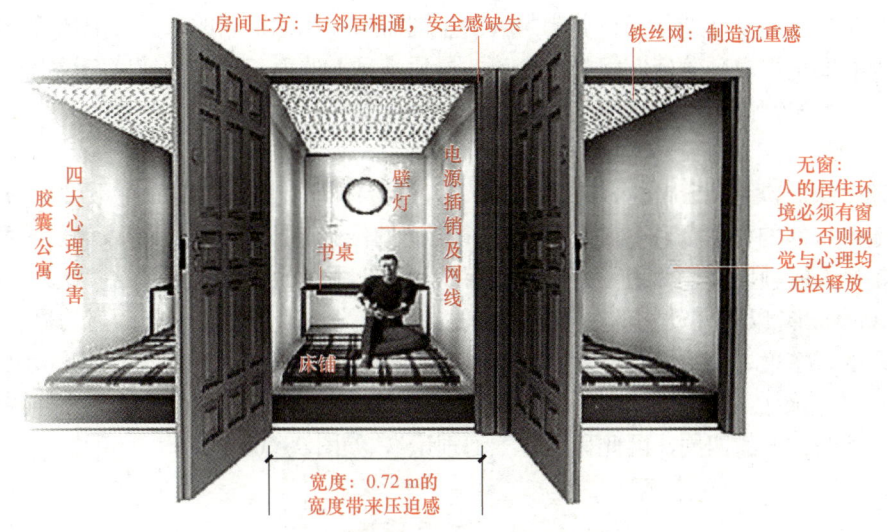

图 2-58 "胶囊公寓"的四大心理危害

3. 行为空间

行为空间是满足人的行为活动所需要的空间，一般是根据人体动态尺度和行为活动的范围考虑的空间，如完成炊事活动所需的厨房空间、完成洗浴活动所需的浴室空间等。

2.2.2.2 心理学理论与空间心理需求

1. 心理需求层次理论

根据美国人本主义心理学家亚伯拉罕·马斯洛（Abraham H.Maslow）的"心理需求层次理论"，人的需要分为五个层次，分别为生理需求、安全需求、归属需求、尊重需求及自我实现需求，五种需求像阶梯一样从低到高，按层次逐级递升，宛如堆叠的金字塔，因此又被称为"需求层次金字塔理论"。需求层次金字塔理论模型如图 2-59 所示。

图 2-59 需求层次金字塔理论模型

心理需求层次理论显示，人的需求依次由低向高发展，低层次需求满足后便会追求高一层次的需求；较低一级的需求高峰过去后，较高一级的需求才能起优势主导作用。根据该理论，建筑装饰设计的任务首要满足人的生理需求：优化空间的采光、通风等条件；其次满足人的安全需求：营造空间的安全感；最后满足人的第三层次的情感归属需求：创造空间良好的人文情怀、情感氛围及视觉情调。

2. 气泡理论

心理学家萨默（R.Sommer）提出，每个人的身体周围都存在着一个不可见的空间范围，它随着身体的移动而移动，任何对这个范围的侵犯与干扰都会引起人的焦虑和不安，这指的就是人的领域性，体现了人的自我保护和防止干扰的能力。基于这一认知，心理学家霍尔（E.Hall）以研究动物的环境和行为这一经验为基础，提出人际距离的概念，根据人际关系的亲密度、行为特征确定人际距离，概括出四种人际关系距离，即密切距离（私密距离）、个体距离（私人距离）、社交距离与公众距离。这四种距离像气泡一样圈圈嵌套在一起，围绕在人的四周，因此称为"气泡理论"，如图2-60所示。

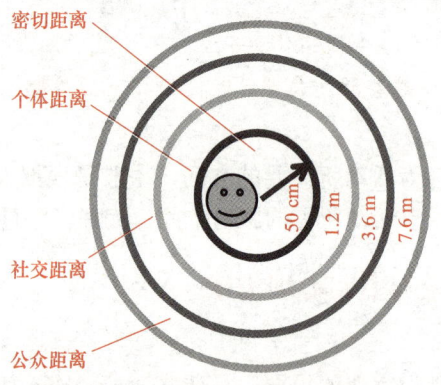

图2-60 社交人际距离"气泡理论"

人际距离划分了亲人、密友、普通朋友等社会关系，具体的社交人际距离及表现见表2-4。

表2-4 具体的社交人际距离及表现

名称	间距	表现
密切距离 （0～45 cm）	接近相 （0～15 cm）	一种表达温柔、舒适、亲密及激愤等强烈感情的距离，具有辐射热的感觉，这是在家庭居室和私密空间里会出现的人际距离，是爱抚、保护或格斗的距离，能感觉到对方的呼吸并闻到气味
	远方相 （15～45 cm）	可与对方接触握手
个体距离 （0.45～1.3 m）	接近相 （0.45～0.75 m）	亲近朋友和家庭成员之间谈话的距离，仍可与对方接触，这是在家庭餐桌上的人际距离
	远方相 （0.75～1.3 m）	可以清楚地看到细微表情的交谈
社交距离 （1.3～3.75 m）	接近相 （1.3～2.10 m）	在社会交往中，同事、朋友、熟人、邻居等之间日常交谈的距离
	远方相 （2.10～3.75 m）	交往不密切的距离，在旅馆大堂休息处、小型会客室、洽谈室等处，会表现出这样的人际距离。对方全身都能看见，但面部细节被忽略，说话时声音要响，如担心声音太大，双方的距离会自动缩短

续表

名称	间距	表现
公众距离 （> 3.75 m）	接近相 （3.75～7.50 m）	主要表现在自然语言的讲课，单向交流的集会、演讲，正规而严肃的接待厅
	远方相 （> 7.50 m）	借助姿势和扩音器的讲演、大型会议室等处，会表现出这样的人际距离。完全属于公众场合，声音很大，且带有夸张的腔调

人际距离的划分对室内空间组织设计有参考意义。例如，客厅沙发的布置应考虑不同社交关系的人群聚集和使用。

如图 2-61 所示，客厅是人们会客聚会的场所，人进入客厅空间后会选择符合其亲疏人际距离的沙发位置就座，图中灰色套装裙的女士一般不会选择坐在两位男士中间（除关系特别密切友好的），而选择坐在近西装男士旁边的单人沙发，则说明其与西装男士较为熟悉亲近；距他们一臂之遥的米色 polo 装男士则明显与他们不熟悉或不亲近。由此可见，客厅沙发的布置需要考虑不同亲疏人群的拜访，应尽量满足"密切距离"到"社交距离"的访客使用。

图 2-61 客厅沙发布置的人际距离划分应用

3. 心理需求与室内空间

人在室内空间中的心理需求主要表现为四个方面，分别为依托的安全感、领域性与人际距离、私密性与尽端趋向、从众与趋光性。

（1）依托的安全感。无论何时何地人都需要有一个能受到保护的空间，因此无论是在餐厅、酒吧，还是图书馆等地方，只要存在着一个与人共有的大空间，绝大多数的人会先选择靠墙、靠窗，或是有隔断的地方，原因就在于人的心理上需要这样的安全感，需要被保护的空间氛围。

当空间过于空旷、巨大时，人们往往会有一种易于迷失的不安全感，而更愿意找寻有所"依托"的物体（如柱子、墙等），所以现在室内越来越多地融入穿插空间和子母空间的设计，目的就是为人提供一个稳定、安全的空间。图 2-62 所示为某火车站候车大厅的人群分布示意图，除了准备要马上进站上车的人，其他等候火车进站的乘客绝大多数选择了靠柱子的位置倚靠（黑色方块为柱子），或聊天、玩手机。柱子将整个候车大厅划分成一个个子空间，人们依靠在柱子上，将自己的背部"依托"给柱子，其他四周都能处于自己的观察范围内，因此获得了安全感，进而能放松聊天或玩手机。

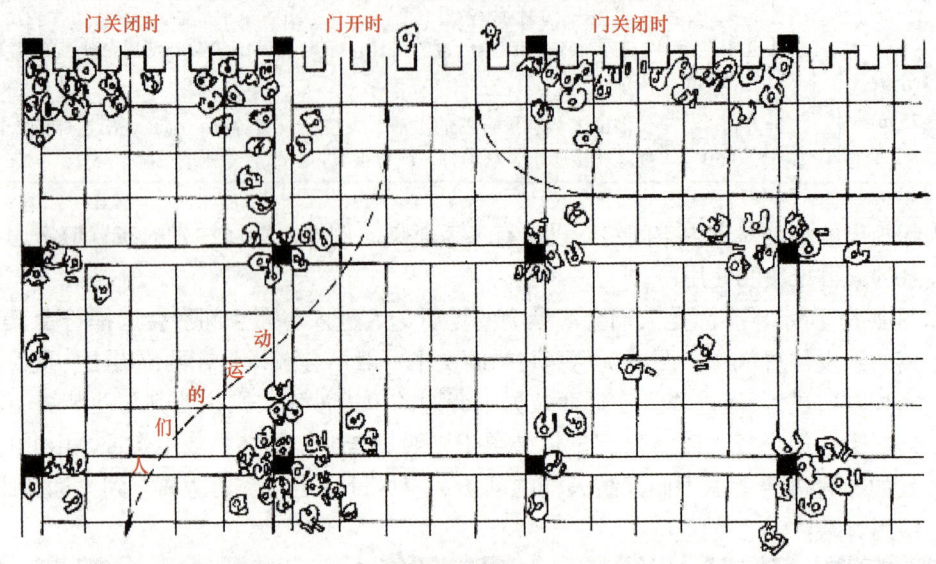

图 2-62　在火车站候车大厅人们等车时选择的位置

（2）领域性与人际距离。个人空间都是围绕在人们周围的，是不见边界、不容他人侵犯、随人们移动而移动，并依据情景扩大和缩小的领域。图 2-63 所示为不同情境下人们或动物的分布情况，这些都体现了人对于领域性和公众距离的需求。

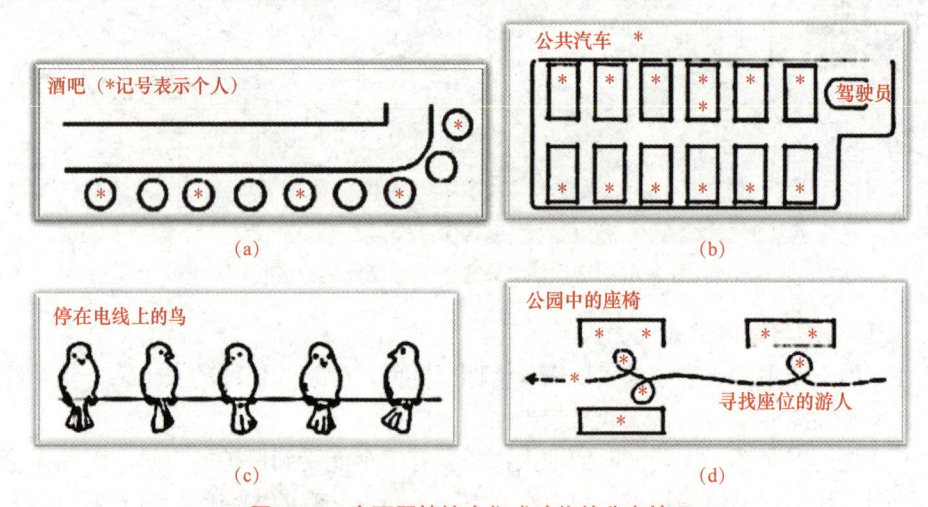

图 2-63　在不同情境人们或动物的分布情况
(a) 酒吧中顾客分布的领域性体现；(b) 公共汽车上乘客分布的领域性体现；
(c) 电线杆上鸟儿分布的领域性体现；(d) 公园小径上游客寻找休憩座椅的领域性体现

（3）私密性与尽端趋向。私密性是作为个体的人对空间最起码的要求，只有维持个人的私密性，才能保证单体的完整个性，它表达了个体的人对生活的一种心理的概念，是作为个体的人被尊重、有自由的基本表现。如果说领域性主要在于空间范围，则私密性更涉及在相应空间范围内包括视线、声音等方面的隔绝要求。尽端是指空间中人流较少且安全有一定依托的地方，通常表现为室内靠墙的座位、靠边的区域、角落等。

人们都有对私密空间支配的要求,以及趋向于尽端位置,本能不愿处于近门处及人流频繁通过处。图 2-64 所示为阅览室读者到达就座情况,第一批来的读者选择了桌子边角的位置就座,这体现了私密性与尽端趋向的需求;第二批来的读者则选择距离他人两个座位的位置就座,这表现了领域性和人际距离的需求。

图 2-65 所示为在餐馆顾客选择位置的频度统计,进入餐馆的顾客会优先选择靠墙或者靠窗的边缘或角落位置就座,其次才会选择餐馆中间的位置,除非别无选择,才会坐在餐馆门口的位置。

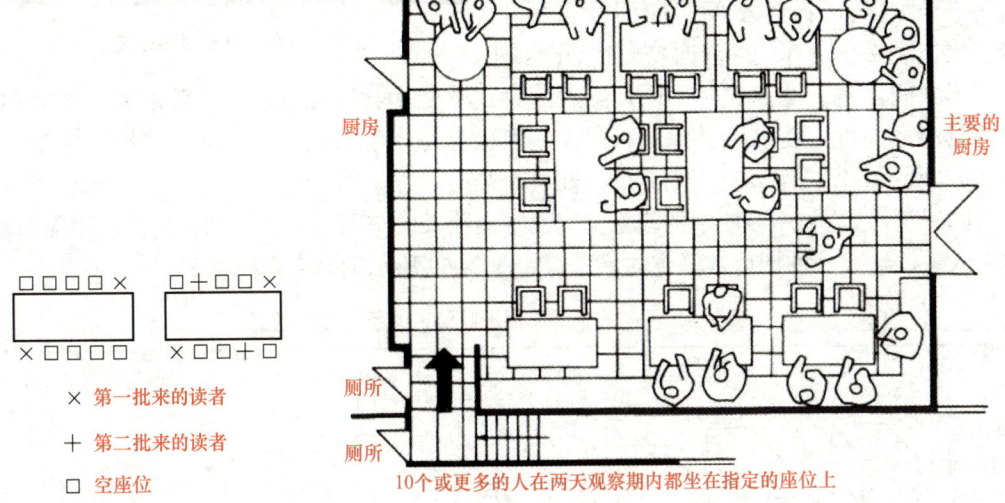

图 2-64 阅览室读者到达就座情况

图 2-65 在餐馆人们选择位置的频度统计

（4）从众与趋光性。人类是社会性动物,普遍具有从众心理。从众心理指个人因受到外界人群行为的影响,在知觉、判断、认识上表现出符合于公众舆论或多数人的行为方式。这一心理现象是大部分个体普遍所有的,只有极少数的人能够保持独立性。

趋光性又称作向光性。趋光性是人的本能,明亮的环境能够给人带来安全感。在展厅设计当中,可以利用趋光性,将展品置放于光亮处,容易突出展品,让参观者更加清晰明辨。

人们在室内空间中流动时,具有跟从大众,以及从暗处往较明亮处流动的趋向,紧急情况时语言会优于文字的引导。因此,在设计公共场所室内环境时,应注意空间与照明等的导向,将灯光用于安全标志的设计,特别是安全出口标志的设计,容易引起大家的注意,提高安全系数,引导人群安全有序撤离。

2.2.2.3 空间造型元素对心理的影响

1. 空间形式对心理的影响

空间的体量尺度、空间比例形状及空间的围透开合都会对人产生不同的心理影响。

（1）空间的体量尺度。在一般情况下,空间的体量尺度大小是根据房间的功能和人体尺度来确定的。但不乏一些空间体量大大超出功能使用要求的建筑,以凸显其高大宏伟的视觉效果,如纪念堂、教堂、会堂等。大空间可以带给人宏伟、开阔的感觉,但过大的空间会显得空旷，使人产生茫然、不安定的感觉；小空间则使人感觉亲切、安稳，但过小的空间会让人觉得逼仄、局促、压抑。图 2-66 所示为匈牙利国会大厦，体量高大宽敞，空间显得庄严肃穆。

（2）空间的比例形状。同样的空间类型，不同的空间比例关系和形状会使人产生不同的感受。一般按形状比例把室内空间归纳为正向空间、斜向空间、曲面及自由空间三类（表 2-5）。一些正向空间，虽然同为矩形空间，若长宽高比例不同，给人的直观感受就会出现差异。一般，宽阔而低矮的空间具有方向性，使人感觉深广、博大，但也容易产生呆板、沉闷甚至压抑的感觉，如图 2-67 所示的室内空间；窄而高的空间具有竖向的方向感，给人一种向上、兴奋、崇高、激昂的感觉，如图 2-68 所示的教堂空间；窄而狭长的空间具有横向的方向性，无限深远、引人入胜，给人一种期待、好奇的感受，如图 2-69 所示的酒店走廊空间。

图 2-66 匈牙利国会大厦

表 2-5 不同的空间比例形状给人的不同心理感受

室内空间界面围合成的形状	正向空间				斜向空间		曲面及自由空间	
可能具有的心理感受	稳定、规整	稳定、方向感	高耸、神秘	低矮、亲切	超稳定、庄重	动态、变化	和谐、完整	活泼、自由
	略感呆板	略感呆板	不亲切	压抑感	拘谨	不规整	无方向感	不完整

图 2-67 广阔低矮的空间

图 2-68　窄而高的教堂空间　　　　图 2-69　窄而狭长的酒店走廊空间

（3）空间围透开合。室内空间若四壁围合，会给人带来封闭感和沉闷感，若四面临空，则可以带给人以开敞、明亮的感觉，其对于居住者情绪的影响是非常巨大的。在建筑室内设计中，围和透是相辅相成的，无论是只围不透还是只透不围都是不可取的，只有对两者的关系进行有效处理，才能够取得最佳的效果。

2．空间材料的选择对心理的影响

光洁平滑或粗糙等材料质感会带给人不同的心理感受，一般而言，表面光洁平滑的材料或者人工材料容易给人以冷峻、理性、疏远的感觉，如玻璃、水泥、钢制品等；而表面相对粗糙或凹凸不平的材料，以及天然材料易造成亲切、感性与靠近的心理暗示，如陶土制品与石材等。不同材料组合能造成视错觉，如在光洁度比较高的材料边上放置一些粗糙的材料，那么光洁的材料会显得更加光洁，如图 2-70 所示。

图 2-70　光滑和粗糙材料的搭配应用

3．空间色彩的选择对心理的影响

空间色彩具有很强的心理作用，色彩的冷暖感、前进感、后退感、轻重感、柔硬感，以及色彩的联想作用和象征意义都是其心理功能的表现。具体内容将会在"模块 4　室内色彩材料选配"中进行详细分析。

2.2.2.4　建筑心理学在建筑装饰设计中的应用

研究建筑心理学，可以通过抓住人的心理巧妙营造空间。

1．延伸空间的技巧

使用玻璃延伸空间，或可以通过增加层次，分出远景、近景、中景不同的空间层次，破除实体边界，延伸心理空间。

2. 扩大空间感，减少压抑感技巧

可以使用通透隔断、减少隔墙，形有断而意相连，造成心理空间的无限感，如利用镜面装饰造成空间的扩大与深远。

3. 增强流动感和减少空间滞留性技巧

可以使用曲线墙面引导人走动流向另一个空间，或利用空间的灵活分隔，向人们暗示另一个空间的存在。增强流动感多采取对人流加以引导和暗示的方法，使人在不经意中沿着一定的方向或路线从一个空间依次走向另一个空间，直至将人流引导至预定目标处。

4. 造成悬念和期待感技巧

设置半遮半掩隔断、曲线形或弯或直，空间线条引发好奇心，使得人们进一步做出行为。

2.2.2.5 建筑行为学环境行为习性

研究人类行为规律的科学称为"行为学"。人的行为多种多样，人与环境相互作用能引起人的一系列心理活动，与之相关的外在行为表现即为环境行为。本部分主要针对建筑环境行为进行介绍。人与建筑环境相关的行为习性主要有以下几种。

1. 抄近路

当人们对自己的目的地非常明确时，总是有选择最短路程的倾向（图 2-71）。如图 2-71 所示，从大楼入口至食堂，若穿越草地比走主要道路所所需的路程短，那么这片草地就会被人们穿越，久而久之便形成了一条通道。在室内空间中，当人们因为出入口位置不当或家具布置不妥而需要绕道行走时，也会感到烦恼。因此，在设计中应充分注意人们抄近路的行为习性。

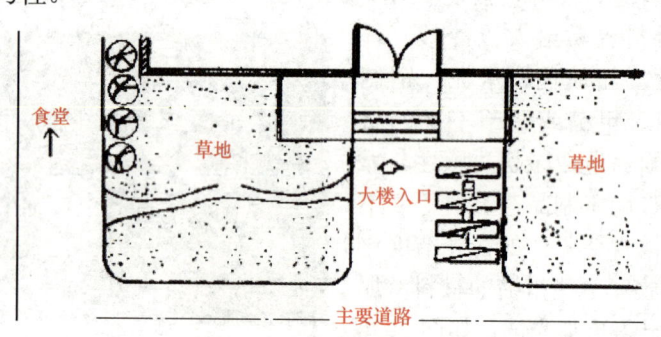

图 2-71 抄近路的行为习性

2. 左侧通行

在没有汽车干扰的道路、步行道路及室内空间中，当人群密度达到 0.3 人 /m² 以上时，人们会自然而然地靠左侧通行。这种行为习性对室内空间中的商品陈列、展品布置等具有很大的参考价值，如图 2-72 所示。

3. 左转弯

与左侧通行的行为习性一样，在商场、展馆等场合，人群的行为轨迹呈现左转弯远多于右转弯的现象。这种现象对室内楼梯位置与疏

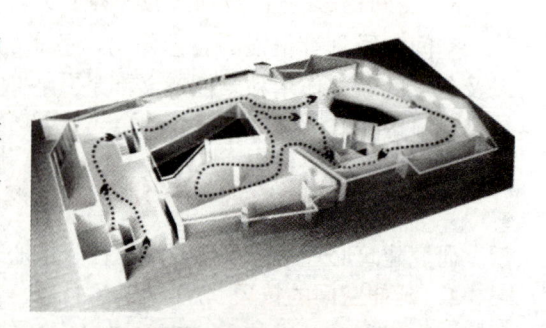

图 2-72 左侧通行的行为习性
（北京今日美术馆三维模型）

散口的设置以及室内展线布置等均有指导意义。

4. 识途性

人类与动物均有识途的本能。当动物感到危险时，会沿原路返回，而当人们不熟悉路径时，会摸索着到达目的地，而返回时，出于安全的考虑，大多会按原路返回。在设计室内安全出口时，应该容易辨识，方向指示标识应该清晰明了，以便人们在紧急情况下可以迅速疏散和逃生。

5. 从众习性

人类有"随大流"的习性。这种习性对室内安全设计具有很强的指导意义。如果发生火灾等异常情况，如何通过设计使最先发现者保持冷静及做出正确的判断非常重要。此外，由于人类还有向光性及躲避危险的本能，因此可利用灯光指明疏散口，或用声音通知在场人员安全疏散。

6. 聚集效应

研究者发现，当人群密度超过 1.2 人/m^2 时，步行速度明显下降。当空间中的人群分布不均时，则会出现滞留现象。如果滞留时间过长，人群的密度会越来越高。这种现象即聚集效应。空间设计时要提前预测人群密度，设计合理的通道空间，尽量避免滞留现象发生。

2.2.2.6 建筑行为学在室内空间设计中的应用

建筑装饰设计是室内各种因素的综合设计，人的行为只是其中的主要影响因素之一。建筑行为学主要在是通过确定行为空间的尺度、分布、形态和组合来指导建筑装饰设计。

1. 确定行为空间的尺度

室内空间可分为大型空间、中型空间、小型空间及局部空间等不同行为空间尺度。大型空间主要指公共行为的空间，如大礼堂、音乐厅、体育馆、大型商场等，此类空间是开放性的，其中个人空间基本是等距的；中型空间主要指事务行为的空间，如研究室、办公室、实验室、教室等。这类空间是少数人因某种事务的关联而聚合在一起的行为空间，既有开放性，又有私密性。此类空间首先应考虑满足个人行为的空间需求，在此基础上再满足与其相关的公共事务行为要求；小型空间一般指具有较强个人行为的空间（如客房、卧室、档案室、经理室、资料库等）。这类空间的尺度一般都不大，最大特点是具有较强的私密性，主要是满足个人的行为活动要求；局部空间主要指人体功能尺寸空间。此类空间尺度的大小主要取决于人的活动范围。当人处于静态时，如站、立、坐、卧、跪，对空间的需求相对较小，如厕所隔间、更衣室的设计。而人在动态时，如走、跑、爬、跳，则对空间的需求相对较大。

2. 确定行为空间的分布

行为空间分布主要表现为有规律和无规律两种情况。有规律的行为空间分布主要表现为前后、上下、左右及指向性等分布状态，在前后状态的行为空间中，人群基本被分为前后两个部分，每一部分既有自身的行为特点，又互相影响，如会议厅、音乐厅等；在上下状态的行为空间中，人的行为表现为聚合状态，如中庭、电梯厅等，在左右状态的行为空间中，人群分布呈水平展开的状态，并以左右分布为主。这类空间具有连续性，如展厅、画廊等；在无规律的行为空间中，人的分布大多是随意的，因此，设计时需要注意灵活性。此类空间包括居室、办公室等。

3. 确定行为空间的形态

空间形态可以是方形、圆形或其他不规则形态，具体采用何种空间形态，要充分研究人在室内空间中的活动范围、分布状况、行为表现等诸多要素才能决定。

4. 确定行为空间的组合

室内空间尺度、室内空间行为分布、室内空间形态基本确定之后，就要根据人们的行为和知觉要求对室内空间进行组合和调整。对于单一性的室内空间，如卧室、教室、会议室等，主要是调整室内空间布局、形态及尺度，使之更好地适应人的需求。对于大多数室内空间，如餐馆、商场、旅馆、展馆、图书馆、剧场等，应先按照人的行为进行空间组合，然后进行单一空间的设计。

2.3 住宅设计户型改造实务

2.3.1 住宅设计户型改造分析

因为建筑师在设计时考虑的空间居住对象是大众群体，无法细化到每个个体，所以当个体居住者的需求与户型产生矛盾时，就需要进行一些空间上的改造，在设计中再设计，赋予空间新的秩序和生命力。

在进行设计或者改造之前，需要对户型本身有所了解，判断户型本身的优劣，找出其问题，以便更好地为客户解决空间问题，从而满足客户需求。

1. 户型单元特点

优秀的户型单元一般采光通风良好、坐北朝南最佳、格局方正、动静分区明确、轴线清晰、结构拉直、交通面积紧凑。图 2-73 所示的 3 房 2 厅 2 卫优秀舒适型户型单元，南向三面宽二进深的 130 m^2 端户户型，得房率极高。图 2-74 所示为 90 m^2 三面宽、两进深的优秀紧凑型户型单元。图 2-75 所示为南向两面宽、三进深的端户户型的反面例子，小面宽大进深，侧向无采光。

2. 户型设计思路逻辑

一个高质量的户型布局方案应该考虑空间的动线、光线、比例、材质、结构、地面、立面、顶面、整体平衡、功能与形式、趣味感、仪式感、生活方式、心理、视线引导之间的关系。户型设计/户型改造的思维逻辑流程可以分为以下五个步骤：

（1）收集信息。收集一切有关设计/改造的信息，方便概念设计的构思，这是第一步，也是非常关键的一步。如果收集的信息不够准确，可能会影响整体改造思路和改造大方向的准确性。前期主要从两个方面收集信息：一方面是居住者信息，如居住者的生活需求，对于居住者希望拥有一个什么样的空间一定要了解清楚；另一方面是原始建筑空间结构信息，即需要被改造的空间的基本情况，要经过现场勘察，了解承重结构和水电的情况是否具备改造的条件。结合前面收集的两种信息，可以得出需要改造的痛点是什么，从而为接下来确定改造策略提供大的方向。需要收集的主要信息已在 2.1.1 中罗列，此处不再赘述。

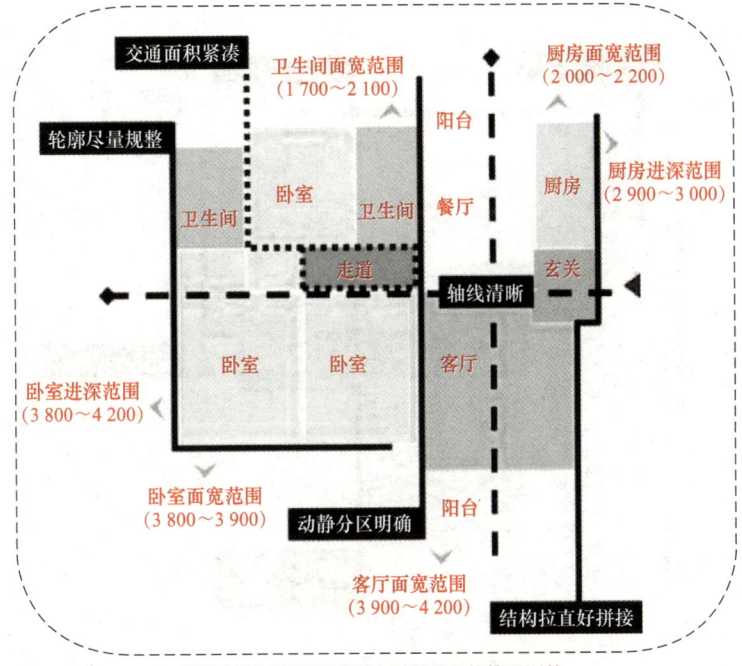

括号内为面宽进深范围，需根据具体情况调整

图 2-73　优秀舒适型户型单元特点（单位：mm）

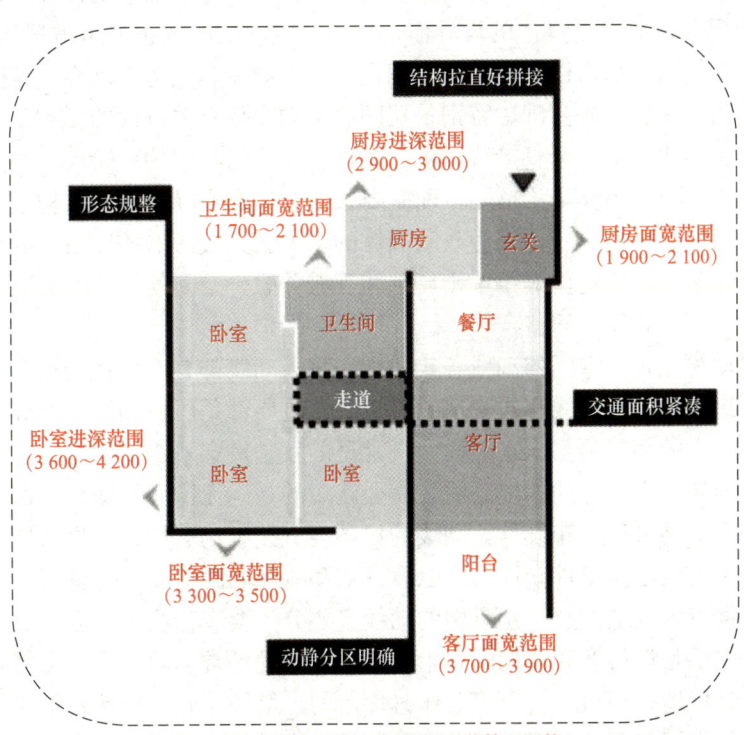

括号内为面宽进深范围，需根据具体情况调整

图 2-74　优秀紧凑型户型单元特点（单位：mm）

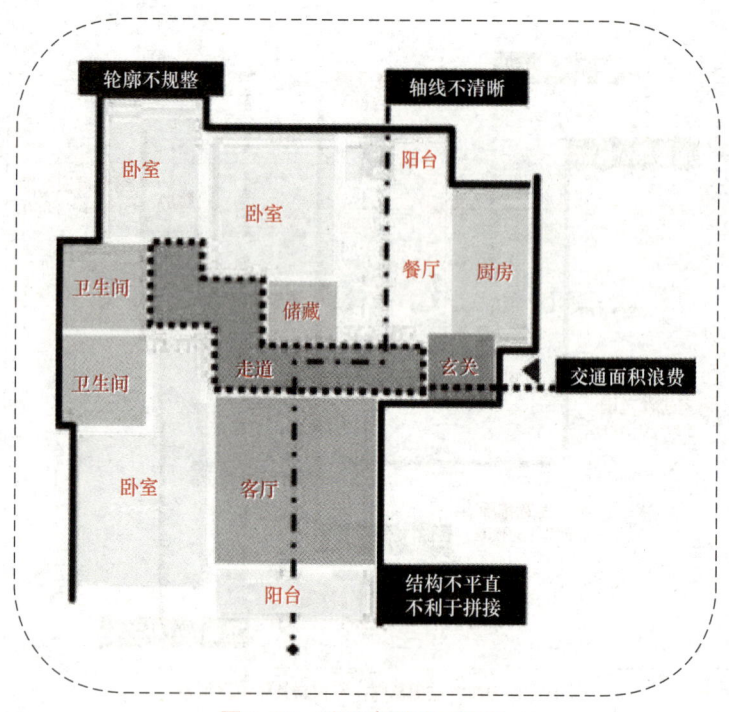

图 2-75　端面户型单元问题

（2）重构空间板块。在收集了准确的信息、分析了需求与空间的矛盾之后，接下来将进行概念的构思，原始户型空间是建筑开发商针对大众的生活需求而设计的，现在必须对空间进行重新规划才能满足具体的设计需求。重构空间的时候主要考虑房间数量的变化、每个独立空间比例的平衡，以及空间与空间之间存在的关联性与互动性。空间重置的意图是为接下来的功能布置打好基础，特别是房间数量的变化有关键性的影响。在房间数量不需要增加或减少的情况下，可直接跳过第二步，进入第三步的构思阶段。切记，空间重构不一定要将原始户型的墙体全部拆除，而是要根据具体的实际情况来重构空间，墙体的改动一定要仔细斟酌后再做决定，因为改动墙体的多少会直接影响整体报价的高低。空间重置分割主要应注意空间的比例大小平衡、空间互相关联、空间使用功能关联、空间采光通风空间视线感受、平立顶空间整合等。

（3）梳理动线分布。空间的动线各式各样，每条动线都有它存在的意义。在涉及家装的户型中，公寓空间中的动线相对来说比较单一，主要就是居住动线、家务动线和访客动线；而别墅空间中的动线更为丰富多样。最常见的就是贯穿整个空间的行走主动线，由主动线会衍生出连接每个小空间的辅动线。需要注意的是，无论哪种动线，都必须保证以最高的行走效率为原则进行排布设计。动线的排布会直接影响居住者的生活便利性和生活质量。如果空间足够大，且条件允许，可以设计双动线和洄游动线，使得行走的时候更加有趣，也可以增强室内的空间感。别墅中的动线主要分为会客动线、生活动线及家政人员动线。会客动线主要是接待客人使用的，生活动线主要是平常室内居家行走使用的，而家政人员动线主要是保姆、司机、管家等工作时使用的，最好家政人员动线不对前两种动线有任何干扰。如果别墅有私家花园，还会涉及游园动线设计。别墅空间中的动线主要包括主动线、辅动线、洄游动线、环绕动线、会客动线、生活动线、家政人员动线、游园动线、车库动线、儿童玩耍动线、逃生动线。

（4）配置常用功能。整体的格局和空间规划完成之后，再针对每个独立的空间配置其应有的功能，除进行常用的空间功能配置外，还应该根据居住者的实际情况配置一些人性化的生活功能。对于老人房，可设计无障碍的功能设施、小水吧、急救报警按钮。对于儿童房，需要考虑安全无尖角的功能设计，如玩耍区域。公区的储藏功能非常重要，储藏空间的多少直接决定了这间房子几年之后的样子。如果储藏空间太少，随着入住后物品越来越多，房子将一片狼藉。如果储藏空间足够多，并且设计好分类储藏空间，那么居住多年之后也还会和新房一样整洁。对于厨房，应考虑使用的逻辑顺序，最好配置中西餐操作岛台及备餐台。对于卫生间，应针对老人和儿童进行无障碍设计，以及干湿分离、储藏收纳设计等。如居住者有宗教信仰或其他禁忌，也需要在设计中加以考虑。功能配置中主要需要考量的因素包括储藏收纳、人性化设计、功能使用逻辑、定制化功能设计、趣味功能、宗教信仰。

（5）深化全局细节。前面四个步骤都可以在草稿纸上进行构思，而最后一个步骤就是将前面的构思用计算机进行精确放样，确保设计构思的可行性和落地性，因为手稿和实际尺寸会存在一定的偏差。除进行结构放样外，还需要对家具进行组合，空间中每一件家具的摆放位置都需要仔细推敲，不同的家具摆放和组合方式会给人带来不一样的体验。空间的气质很大程度上也是由家具的样式和组合方式来进行衬托的。为了保证空间中的视觉体验舒适，立面的材质和分割关系也非常重要，在视线所能达到的合适的位置可考虑设计端景。在进行立面设计的时候可以融入一些常见的设计手法，在视觉上产生更大的冲击力，如中轴对称手法、现代主义手法、解构主义手法等，也可以适当融入一些居住者喜欢的文化元素。一定元素的融入也就形成了一定的风格。最后一个步骤的主要目的是整合每个空间，保持总体的完整性，尽量不要出现过多的尖角和碎面，最好利用轴线法则进行布局。空间整合时需要考虑的主要因素有结构放样、家具组合、视觉体验、手法运用、平立顶关系、材质运用、空间完整性、文化元素的融入。

3. 户型设计案例分析

以下以一套一居室及一套两居室为例，进行户型设计思路分析。

（1）一居室户型。酒店式单身公寓（一居室户型）最明显的特点就是户型狭窄，且采光不充足，室内可利用面积小。在进行户型改造时，这类户型是让设计师最头疼的户型之一。单身公寓户型改造可以从动线、储藏、功能、采光四个方面进行设计构思。尽量采用I型直线动线，既可以节约空间，也能提高行走效率。动线周围可按使用逻辑排布功能点位，以及靠墙设置立体到顶储藏柜，将空间利用做到极致。可以利用折叠门窗、透明玻璃材质隔断、屏风等代替隔墙，以解决采光欠缺的问题，尽量保持空间通透，让自然光线最大限度地照到室内的每个角落。酒店式单身公寓一般居住的人员为1人或2人，所以功能空间的体量不需要很大，但是功能种类越多越好，所有居家必备的功能最好都要具备。在满足以上所有要求之后，如何将空间在视觉体验上做得更大才是最难以解决的问题。

1) 原始户型分析。图2-76所示为原始户型，受原始空间狭长形状的局限，采光效果极差，室内空间远不能满足居住者常规的生活需求，更加难以满足其娱乐聚会需求。

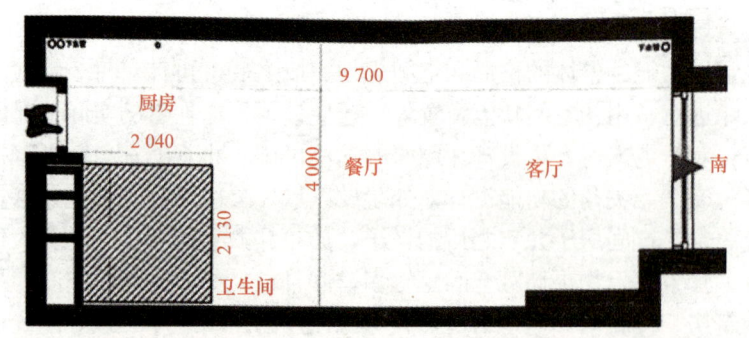

图 2-76　一居室原始户型图（资料来源：《住宅设计户型改造大全》花西／朱小斌）

2）设计细节分析。图 2-77 所示为构思的手绘方案草图；根据手绘图完成设计彩平图如图 2-78 所示；俯视效果图如图 2-79 所示；空间效果如图 2-80 所示。

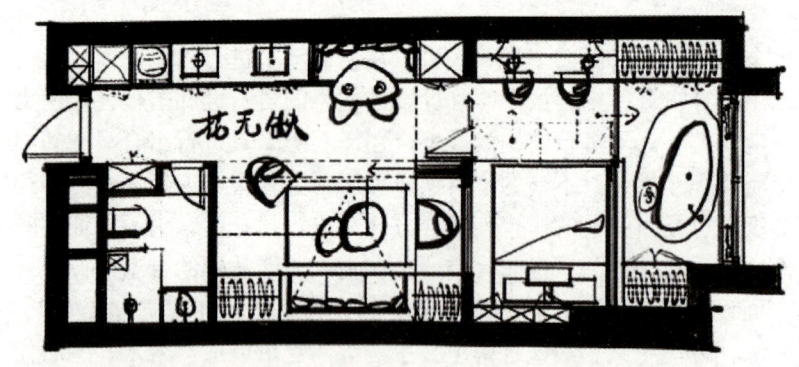

图 2-77　一居室方案手稿草图（资料来源：《住宅设计户型改造大全》花西／朱小斌）

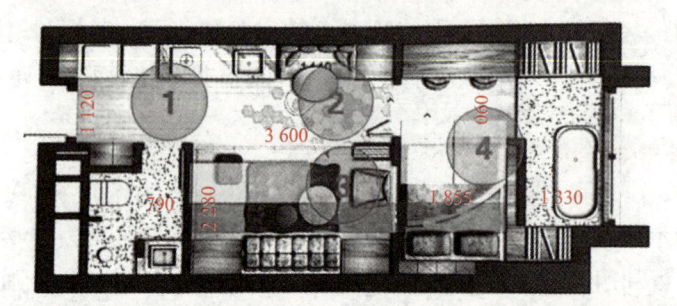

图 2-78　一居室设计彩平图（资料来源：《住宅设计户型改造大全》花西／朱小斌）

图 2-79　一居室俯视效果图（资料来源：《住宅设计户型改造大全》花西／朱小斌）

图 2-80　一居室空间效果图（资料来源：《住宅设计户型改造大全》花西 / 朱小斌）

①利用最短动线——直线，使得自入户区域到空间尽头皆无遮挡，获得了最好的采光效果，在空间利用率上也做到了极致。无论是拿取物品还是行走，都非常舒适，大幅提升了居住体验感。

②就餐区采用嵌入式卡座的设计形式，再搭配小圆桌，具有灵活多变的特点，非常节约空间。卡座下设计储物空间，充分发挥了每一寸空间的价值。

③客厅东侧的翻转式餐桌，可供 10 人同时使用，将难以实现的朋友聚餐变成可能，不用再因空间不足而失去与朋友一起相聚的欢乐。折叠门的使用，让客厅的功能变得多元化。当友人来访，促膝长谈之时，客厅能变身成一间临时客房。图 2-78 所示蓝色区域的顶面巧妙运用同一材质，使原本互不相干的客厅和卧室空间紧密相连、分而不断，赋予空间强烈的张力。而卧室与客厅之间采用的玻璃砖能将光线最大化地引入，进一步解决了采光难的问题。

④浴缸区域与睡床区域构成了卧室空间，在小公寓也能享受大空间的精致与舒适。

（2）两居室户型。两居室户型也属于小户型一类的刚需户型，因为只有两个卧室，无法满足三代人一起居住的需求，只能设置业主夫妻二人使用的主卧，外加一个儿童房，这类户型通常见于学校周围的学区房。两居室的户型一般都是常规三居室户型的缩小版，采光和通风能满足基本的居住需求。这种户型改造的重点在于细节的优化，将合理地运用每寸空间以提高空间的品质作为主要的切入点。如果能在满足常规生活需求之外多做出一个增值空间，必然会提升空间的价值。通常，两居室户型的承重结构会比较多，无法通过拆改墙体进行大幅改造，可以通过增加一些新的隔墙来改变空间格局，也可以通过家具的不同组合来营造不一样的空间氛围。不一定非要拆掉很多墙才能完成空间改造。户型越小，居住时间长了之后，家里就会越乱，这是所有小户型的痛点，所以在改造设计阶段一定要将储藏空间设计做好，最好进行储藏分类设计，使每一个单独的空间都有专用的储藏空间，这样才能保证小空间的整洁。

【思政元素融入达成素质目标】学生通过户型分析及设计原则和思路讲解，倡导经济环保节能的生活方式，培养经济环保节能的设计理念，树立绿色低碳意识。

1）原始户型分析。图 2-81 所示的原始户型，入户位置不适合做独立玄关，客户的需求与实际情况略有冲突。洗衣房过大，有空间存在一定程度的浪费。主卧衣帽间与卫生间布局不合理，导致储物空间不足。

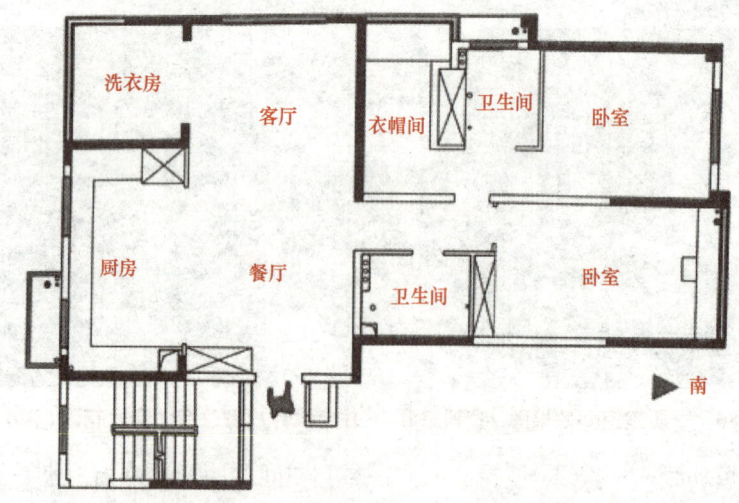

图 2-81　两居室原始户型图（资料来源：《住宅设计户型改造大全》花西 / 朱小斌）

2）设计细节分析。图 2-82 所示为构思的手绘方案草图；其空间效果如图 2-83 所示。

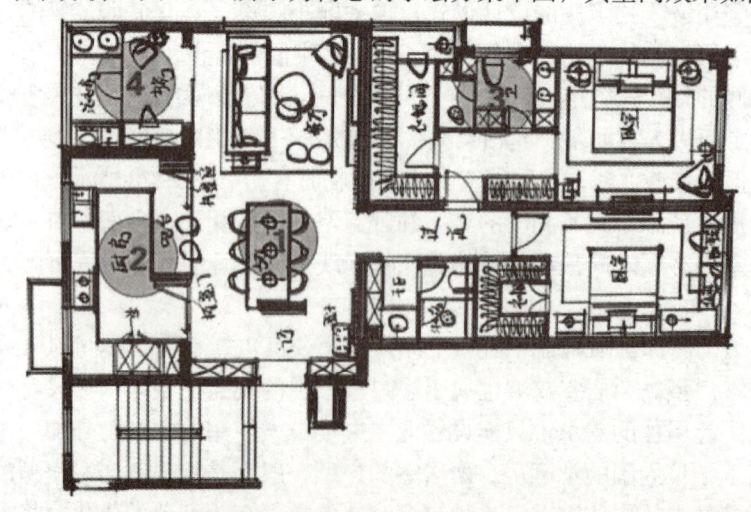

图 2-82　两居室手绘方案草图（资料来源：《住宅设计户型改造大全》花西 / 朱小斌）

图 2-83　两居室空间效果图（资料来源：《住宅设计户型改造大全》花西 / 朱小斌）

①玄关墙与餐桌整体设计，在满足客户需求的同时，尽量避免空间浪费。

②折叠窗和折叠门的加入让厨房处于可开可合的状态，实用有趣。

③主卫墙向东压缩，并向南北伸长，实现了干湿分离，正好可在挤出的空间增设一组衣柜，主卧的储物空间体量也就得到了保证。

④压缩洗衣房空间，顺着墙体做书桌，增设了一个工作、学习的空间。书桌与卡座的结合，让人在工作、学习之余，还有一处休闲娱乐的空间，设计让家更温馨。

2.3.2　住宅设计户型改造任务实施

1. 任务描述

空间组织设计项目实践任务书。

2. 任务内容

选择准备进行设计的原始户型图进行业主需求分析，根据需求对空间进行功能规划，完成动线设计，并根据分析的客户的喜好需求对空间进行组织设计。

3. 设计步骤

（1）根据客户需求和原始建筑空间结构信息进行需求分析，罗列问题并提出解决方案。

（2）根据需求分析绘制动线设计气泡图，参考如图 2-84 所示。

（3）根据动线设计进行空间规划和家具的选择及布置，通过手绘草图（设计概念稿）的方式进行 2～3 设计方案的对比，确定空间合理的布置方式，要求符合人体工程学、建筑心理行为学等。

（4）确定设计方案后，对空间进行准确详细的细化和布置，使用 Auto CAD 软件或者手绘平面图的方式绘制平面布置图，在原始平面布置图的基础上，继续绘制墙体改造图及家具陈设的平面布置图（要标注出家具的尺寸及布置间距）。

（5）平面图使用标准图框，在平面图上标注清楚相关数据和改造说明。

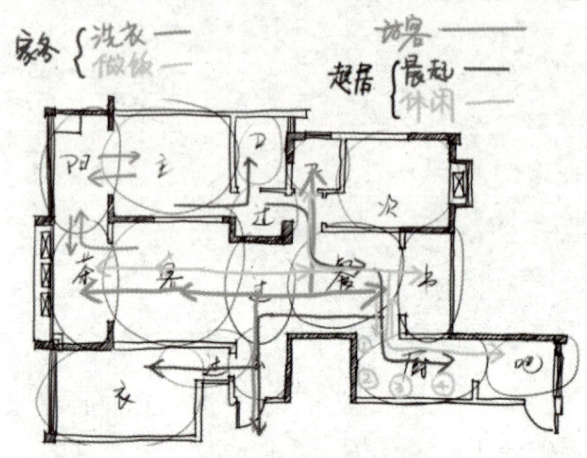

图 2-84　动线设计气泡图

4. 提交内容（参考文件查看电子资源附件）

（1）需求分析（样式参考活页工作手册）。

（2）动线设计气泡图。

（3）墙体改造图。

（4）家具陈设及尺寸布置图。

5. 评价考核标准

客户需求分析及动线构思任务评价考核标准见表 2-6。各学科知识在空间组织设计实践应用任务评价考核标准见表 2-7。

表 2-6　客户需求分析及动线构思任务评价考核标准（仅供参考，可根据实际授课情况调整）

课题：客户需求分析及动线构思		班级：		组别：			姓名：		
评价元素	评价主体									
	成果（60%）							过程（30%）		增值（10%）
	自评（5%）	组间互评（5%）	组内互评（10%）	师评（20%）	企业评价（10%）	机评（10%）	师评（20%）	机评（10%）	师评	
									完成拓展任务（10分）	完善课堂任务（6分）
	线上	线下	线上	线下	线上	线下					
知识	了解家居动线概念分类							✓		✓		
	掌握各种家居动线设计的要点、原则							✓		✓		

续表

课题：客户需求分析及动线构思		班级：		组别：			姓名：				
评价元素		评价主体									
		成果（60%）						过程（30%）		增值（10%）	
		自评（5%）		组间互评（5%）		组内互评（10%）	师评（20%）	企业评价（10%）	机评（10%）	师评（20%）	机评（10%）	师评	
												完成拓展任务（10分）	完善课堂任务（6分）
		线上	线下	线上	线下	线上	线下	线上	线下					
技能	能根据具体客户信息进行较为全面合理的客户需求分析			√		√		√				√		
	能对整体住宅空间进行合理的家居动线设计，绘制动线气泡图，并制作出相应的空间意向效果			√		√		√				√	√	√
素质	发现、分析并解决问题的能力			√				√				√	√	√
	较强的团队合作意识			√								√	√	√
	细致、全面的工作态度			√								√	√	√
得分														

表 2-7　各学科知识在空间组织设计实践应用任务评价考核标准（仅供参考，可根据实际授课情况调整）

课题：人体工程学、建筑心理行为学等在空间组织设计项目实践中的应用		班级：		组别：			姓名：				
评价元素		评价主体									
		成果（60%）						过程（30%）		增值（10%）	
		自评（5%）		组间互评（5%）		组内互评（10%）	师评（20%）	企业评价（10%）	机评（10%）	师评（20%）	机评（10%）	师评	
												完成拓展任务（10分）	完善课堂任务（6分）
		线上	线下	线上	线下	线上	线下	线上	线下					
知识	熟悉建筑心理行为的需求和习性，以及形势和色彩心理										√	√	√	
	掌握人体工程学基本人体尺度和人体动作域内容和数据										√	√		

续表

评价元素	评价主体													
	成果（60%）								过程（30%）			增值（10%）		
	自评（5%）		组间互评（5%）		组内互评（10%）		师评（20%）		企业评价（10%）	机评（10%）	师评（20%）	机评（10%）	师评	
	线上	线下	线上	线下	线上	线下	线上	线下					完成拓展任务（10分）	完善课堂任务（6分）
技能	能通过布局、色彩、灯光等方式合理营造空间氛围	√		√		√		√		√		√			
技能	能合理配置尺度适宜的室内空间，并选择尺寸及类型合理的家具	√		√		√		√		√		√			
素质	发现、分析并解决问题的能力	√		√				√				√		√	√
素质	较强的团队合作意识	√		√				√				√		√	√
素质	细致、全面的工作态度	√		√				√				√		√	√
得分															

本模块小结

本模块通过了解人体工程学、建筑心理行为学等相关学科在建筑装饰设计中的应用辨析不符合人体工程学、建筑心理行为学等内容的空间问题并提出改进措施，为设计出功能合理，符合实际需求的安全、舒适、便捷的室内空间提供理论指导，并能通过分析客户需求设计出真正合理、舒适、便捷、安全的室内空间。

课后思考及拓展

1. 在线测试：常见空间不合理因素图表辨析。对空间布置问题进行分析，判断并指出其不合理之处，并简要描述提出改进措施。

2. 空间组织设计实践项目任务：对某住宅空间进行组织设计，并进行平面手绘方案草图、墙体改造图、家具陈设布置图及家具尺寸平面图的绘制。

模块 3　室内空间界面设计

学习情境

基本完成空间平面布置的工作之后，就需要将平面的设计扩展到整个三维空间的设计了。在这个阶段，应如何打造兼顾视觉性和实用性的三维空间呢？

课前思考

1. 室内有哪些围合界面？
2. 分隔空间可以使用哪些方法？
3. 现在流行的双眼皮吊顶是怎样一种款式？它和传统吊顶相比有什么区别？

知识目标

1. 了解室内空间分类和室内空间界面的概念。
2. 理解室内空间的形态、类型和处理的方法及室内空间界面的处理。
3. 掌握室内各界面的设计原则、形式和材料。

能力目标

1. 能掌握空间界面设计的类型及空间改善的基本方法。
2. 能根据各界面的设计原则，选用合适的造型形式和材料，进行侧界面、顶界面和底界面的设计。
3. 能按规范使用 Auto CAD 软件绘制各界面的施工图。

素养目标

1. 通过讲解各空间界面的设计规范标准和要求，学生可以树立规范意识、安全意识。
2. 通过介绍故宫这一中国古建筑的顶峰案例的序列形式美和装饰风格，学生可以提高文化自信，产生艺术传承的兴趣和志向，提高审美水平。

3. 通过展示对比不同的材料性能和应用，以及进行案例分析、任务实践后，学生可以思考并体会简约绿色节能生活方式，树立绿色环保、经济节能的意识。

4. 通过展示分析对比不同的风格及装饰细部构件，学生可以有创造性地提取传统元素，并勇于进行古今中西文化的创新融合，培养创新开拓精神。

5. 通过随堂各界面快题设计，学生可以培养精益求精的工匠精神，并培养独立发现问题、分析问题并积极解决问题的能力。

6. 通过空间界面设计分组任务，学生可以培养团队协作能力及沟通能力。

思政元素

1. 文化自信、艺术传承。
2. 绿色环保节能。
3. 文化传承、创新融合。

本模块重难点

1. 重点：空间界面设计的类型；室内底界面、侧界面、顶界面装饰设计方法。
2. 难点：能根据各空间界面的设计原则，选用合适的造型形式和材料，进行侧界面、顶界面和底界面的设计，并统一风格；同时，还能根据设计规范和绘图规范完成施工图的绘制。

3.1 室内空间界面设计的原则和要求

3.1.1 室内空间界面的定义

室内空间界面即围合室内空间的底界面（地面）、侧界面（墙面、隔断）和顶界面（顶棚）。空间界面设计是对各界面的使用功能和特点进行分析，并进行界面形状、材质、肌理等方面的设计。室内空间界面的规划与设计直接影响室内空间的整体效果，它的设计既要考虑功能技术的要求，也要考虑整体造型和空间界面的审美需求。对同一室内空间界面进行不同的装饰处理会产生不同的空间效果。因此，设计的着眼点应当是悉心考虑如何有效地发挥各个界面本身所独具的视觉感受因素，包括色彩、肌理、明暗、虚实等艺术造型因素，以空间的整体性来确定空间界面的装饰材料与装饰做法。

3.1.2 室内空间界面设计总原则

（1）安全可靠，坚固适用。
（2）造型美观，具有特色。
（3）选材合理，造价适宜。

（4）优化方案，方便施工。
（5）设计风格的统一性。
（6）气氛的一致性。
（7）背景的陪衬性。

3.1.3　室内空间界面设计要求

1. 共性要求

（1）满足耐久性及使用期限的要求。

（2）满足耐燃及防火性能的要求。现代室内装饰应尽量采用不燃或难燃性材料，避免采用燃烧时释放大量浓烟及有毒气体的材料。室内装饰装修材料的燃烧性能等级要求应符合《建筑内部装修设计防火规范》(GB 50222—2017)的规定。

（3）无毒、无害。无毒、无害是指界面材料散发的有毒气体及可能接触到的有害物质含量低于国家相关规定，材料中含有的有害物质含量不超过有关标准。在设计施工时，严格执行《民用建筑工程室内环境污染控制标准》(GB 50325—2020)的规定。

（4）易于制作、安装和使用，便于更新。

（5）满足必要的隔热保暖、隔声吸声、防火防水性能。

（6）满足装饰及美观要求。

（7）满足相应的经济要求。

2. 个性要求

（1）地面：要满足防滑、防水、防潮、防静电、耐磨、耐腐蚀、隔声、吸声、易清洁的功能要求。

（2）墙面：要能遮挡视线，具有较高的隔声、吸声、保暖、隔热的特点。

（3）顶面：要满足质轻、光反射率高的要求，并具有较高的隔声、吸声、保温、隔热的功能。

【思政元素融入达成素质目标】通过学习各室内空间界面的设计规范标准和要求，学生可以树立规范意识、安全意识。

3.2　室内空间类型和处理技巧

3.2.1　室内空间的类型

室内空间界面设计的类型可分为固定空间和可变空间、静态空间和动态空间、开敞空间和封闭空间、肯定空间和模糊空间、虚拟空间和虚幻空间。

1. 固定空间和可变空间

固定空间用固定不变的界面围合而成，如居住建筑设计中的厨房、卫生间；可变空间是由变化的界面分割而成的空间，如升降舞台、活动墙面等。固定空间比较死板、生硬，空间设计中可尝试将固定空间转换为可变空间，会令空间更加生动、有趣（图3-1），客房内的休息睡眠空间采用让人感到安全的固定空间；但是巨大的百叶折门又为靠近露台处的空间提供了可开可阖的可变空间，打开折门的瞬间可以让室内刹那开阔，房间也与露台连为一个面向蔚蓝大海的眺望台。

2. 静态空间和动态空间

静态空间是指比较封闭，构成比较单一的空间。视觉常常被引导在一个方位或落在一个点上，空间限定得十分严谨；动态空间指流动空间，具有空间的开敞性和视觉的导向性，界面组织具有连续性和节奏性，空间构成形式富有变化性和多样性，常使视点从一点转向另一点。静态空间转化为动态空间的方式有好几种，如在空间内增加绿植或在视觉设计上增加动感更强的线条图案，或者采用大面积落地窗以引入室外景观，增强空间的灵动性，如图 3-2 所示。

图 3-1　可变空间

(a)　　　　　　　　　　　　　　(b)

图 3-2　动态空间
(a) 绿植点缀；(b) 动感线条背景墙和引入室外景观

3. 开敞空间和封闭空间

开敞空间是具有流动性的、渗透性的空间，其空间表现为更多的公共性和开放性。在景观关系上具有收纳性；在空间性格上具有开放性；在心理效果上具有开朗性和活跃性。封闭空间是指具有静止的、凝滞的性质。其空间表现为更多的私密性和个体性，有利于隔绝外来的各种干扰，在心理效果上具有安全感，常表现为严肃的、安静的。如"灰空间"介于开敞与封闭空间之间，更让人有安全感且能同时亲近享受自然。图 3-3 所示为灰空间。

图 3-3　灰空间

4. 肯定空间和模糊空间

　　肯定空间是指界面清晰、范围明确,具有领域感的空间,一般私密性较强的封闭型空间常属于此类;模糊空间是指在建筑中属于似是而非、模棱两可,而无可名状的空间,其空间具有模糊性、不定性、多义性、灰色性等性质,富于含蓄性且耐人寻味,多用于空间的联系、过渡和引申等。图3-4所示均为模糊空间,图3-4(a)凉亭亭内亭外空间分隔不明确,图3-4(b)走道内可通过栅栏玻璃天棚感受斑驳阳光,也等于模糊了室内外空间的界限。

(a) 　　　　　　　　　　　　　　(b)

图 3-4　模糊空间
(a) 凉亭空间;(b) 走道空间

5. 虚拟空间和虚幻空间

　　虚拟空间是指在界定的空间内,通过界面的局部变化而再次限定的空间,如局部升高或降低地坪或顶面,或以不同材质、色彩的平面变化来限定空间等。图3-5所示地台空间和图3-6所示根据地面材质及软分隔划分的子母空间(大空间中有小空间)均为虚拟空间。

图 3-5　地台空间 　　　　　　　　图 3-6　子母空间

虚幻空间是指空间镜面反映的虚像，把人的视线带到镜面背后的虚幻空间去，于是产生空间扩大的视觉效果，还能通过镜面的折射造成空间的幻觉，紧靠镜面的物体还能把不完整的物体造成完整的物体的假象。图 3-7 所示为西安世博会户外设置的虚幻空间，通过曲面镜面将别处的景观集中投射到一个新的空间中。

图 3-7　虚幻空间

3.2.2　室内空间组织的处理手法

1. 空间的限定

（1）垂直要素限定：通过墙、柱、屏风、栏杆等垂直构件的围合来限定空间，如图 3-8 所示。垂直要素限定的常见手法如图 3-9 所示。

图 3-8　屏风分隔限定空间

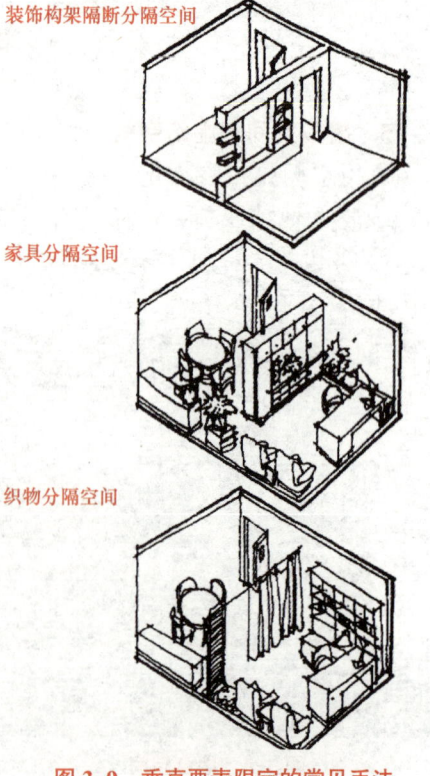

图 3-9　垂直要素限定的常见手法

（2）水平要素限定：通过顶面或地面等不同形状、材质和高度对空间进行限定，以取得水平界面的变化和不同的空间效果，如图3-10所示。水平要素限定的常见手法如图3-11所示。

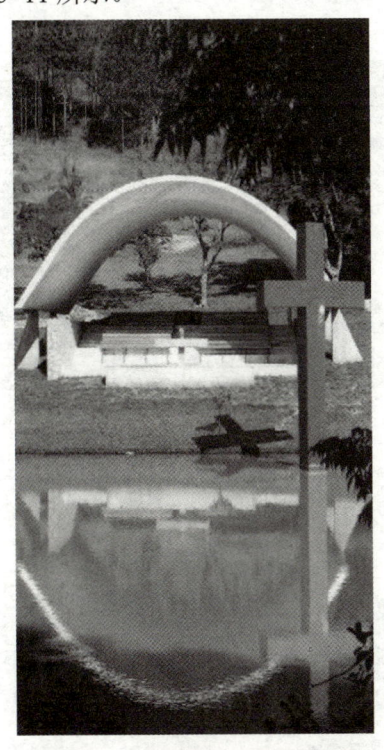

图3-10 弧形屋顶分隔限定空间

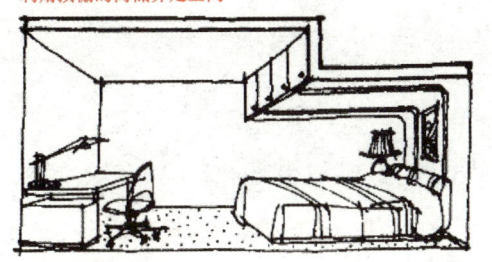

图3-11 水平要素限定的常见手法

（3）各要素的综合限定：空间是一个整体，在大多数情况下，通过水平和垂直等各要素的综合运用以取得特定的空间效果。其处理手法是多种多样的。

2. 空间的围与透

围合与通透是处理两个或多个相邻空间关系的常用手法。室内空间的围与透相辅相成，只围不透闭塞；只透不围则失去了室内空间的意义。凡实墙都因遮挡视线而生阻塞感，而通透部分具有很强吸引力，可利用此围透关系把人的注意力吸引到某个特定方向。图3-12所示为位于巴塞罗那Eixample（扩展）区的一处1925年建的公寓，经改造后呈现出良好的通透感。

3. 空间的对比处理

（1）高大与低矮对比：我国古代园林建筑经常采用"欲扬先抑"的设计手法。由小空间进入大空间时，因建筑体量的对比使人精神振奋，借大小空间的对比突出主体空间。常见形式为在通往主题大空间的前部，有意识安排一个极小、极低的空间，压缩人们视

图3-12 空间的围与透

野,一旦走入高大主体空间,视野突然开阔从而使人情绪兴奋。图 3-13 所示为山东省美术馆的空间对比。

(2) 封闭与开敞对比:在设计中利用封闭空间的黯淡与开敞空间的明朗做鲜明对比,使人豁然开朗。图 3-14 所示为封闭黯淡的室内空间与开敞明朗的室外空间对比。

图 3-13　高大与低矮对比　　　　　　图 3-14　封闭与开敞对比

(3) 不同形状空间对比:在设计中通过空间形状之间的对比可以达到破除单调、求得变化的效果。图 3-15 所示为比利时一空间形状多样、部分结构浸没在地面以下的住宅。

图 3-15　不同形状空间对比

(4) 不同方向对比:建筑空间多呈矩形平面的长方体,将长方体空间纵横交错地组合在一起,可因方向改变产生对比作用,从而打破单调,求得变化,如图 3-16 所示。

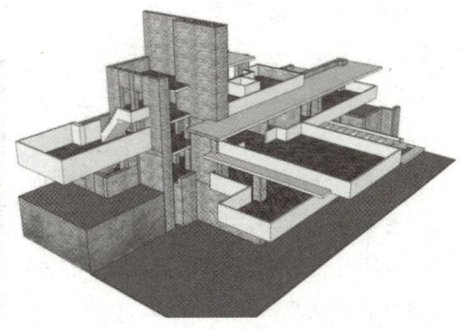

图 3-16　不同方向对比

4. 空间的重复与再现

通过空间的重复与再现，空间可以产生优美的韵律与和谐的节奏感，从而加深空间的层次感，但使用不当会使人感到呆板、单调枯燥。如图 3-17 所示，其融合了澳洲文化和日本传统的寿司餐饮空间，用静态的木质创造出一个起伏的波浪空间，以静生动，并通过不断重复来营造出丰富的空间感和延伸感。独特的木元素和大理石纹理展现出日式设计的精髓；独特线性纹理的吧台展现出餐厅性质，弧形的空间布局与波浪相呼应。

图 3-17　空间的重复与再现

5. 空间的衔接与过渡

相隔一定距离的两个空间可由第三个空间（过渡空间，如门厅、门廊、过道等）衔接起来，像语言文字中的标点符号一样可以加强空间的节奏感。过渡空间无具体功能要求，只借其衬托主要空间。图3-18所示影院走廊为影院售票大厅与放映厅的衔接与过渡空间。

6. 空间的渗透与层次

有意识使被分隔空间保持某种程度的连通，室内外墙面、地面、顶棚等的延伸，空间之间彼此渗透，相互联系，围透灵活，丰富空间层次。其手法主要有借景和对景。

图3-18 空间的衔接与过渡

（1）借景：为了扩大园林景物的深度和广度，丰富游赏的内容，有意识地将园外的景物"借"到园内视景范围中来，收无限于有限之中。图3-19所示为苏州拙政园狮子林中的借景。

（2）对景：在园林中，登上亭、台、楼、阁、榭观赏堂、山、桥、树木，或在堂桥廊等处可观赏亭、台等，这种在甲、乙两个观赏点相互观赏的方法（或构景方法），叫作对景。图3-20所示的楼阁亭廊互为景观，形成对景。

图3-19 借景 　　　　　　　　　　图3-20 对景

现代装饰设计中利用透空落地罩、博古架等分隔连通或运用夹层设计连通上下空间。

7. 空间的诱导与暗示

依照人的活动习惯和心理对人潮进行引导和暗示，使人们可以循着一定途径或方向路线从一个空间依次进入另一空间。

（1）弯曲墙面的诱导。以人的流动趋向于曲线形式的心理特点，通过曲线墙面把人的流向引向某个确定的方向，暗示另一空间的存在，并产生一种期待感、悬念感。图3-21所示为某酒吧采用的弯曲墙面诱导。

图 3-21　弯曲墙面的诱导

（2）楼梯的诱导。楼梯、踏步对人有一种向上的诱惑力。利用特殊形式的楼梯或踏步，将人引导至上一层空间。图 3-22 所示为抽象形的楼梯设计。

（3）顶棚地面的诱导。具有强烈方向性或连续性的图案会左右人的行进方向，通过对地面顶棚的处理，有助于引导人群，如图 3-23 所示。

图 3-22　楼梯的诱导　　　　图 3-23　顶棚地面的诱导

（4）空间分隔的诱导。利用灵活的空间分割形式，暗示另一些空间的存在，把人从一个空间引导向另一个空间。设计师运用空间引导与暗示手法时要自然、巧妙、含蓄，让人不经意间沿着一定的方向或路线从一个空间进入另一空间。图 3-24 所示为采用空间分隔的诱导，通过背景墙设计暗示另一个空间。

8. 空间的序列设计

空间的序列是指空间的先后顺序，是设计师按照建筑功能给予合理组织的空间组合。各个空间之间有着顺序、流线和方向的联系。

（1）空间序列的全过程。空间序列的全过程一般分为四个阶段。

图 3-24 空间分隔的诱导

1）开始阶段：序列设计的开端，预示着将展开的内幕，如何创造出具有吸引力的空间氛围是其设计的重点。

2）过渡阶段：序列设计中的过渡部分，是培养人的感情并引向高潮的重要环节，具有引导、启示、酝酿、期待及引人入胜的功能。

3）高潮阶段：序列设计中的主体，是序列的主角和精华所在，在这一阶段，目的是让人获得在环境中激发情绪、产生满足感等种种最佳感受。

4）结束阶段：序列设计中的收尾部分，主要功能是由高潮回复到平静，也是序列设计中必不可少的一环，精彩的结束设计应达到使人回味、追思高潮后的余音的效果。

中国传统建筑的规划都具有典型的空间序列特征，图 3-25 所示为北京故宫的布局。午门和太和门为序列的开端，三大殿为空间布局的高潮和终结，整体序列由一条中轴线贯穿始末。作为高潮部分的三大殿分别为太和殿、中和殿、保和殿，都建在汉白玉砌成的 8 m 高的 I 形基台上，太和在前，中和居中，保和在后。远望犹如神话中的琼宫仙阙。基台三层重叠，每层台上边缘都装饰有汉白玉雕刻的栏板、望柱和龙头，三台当中的三层石阶雕有蟠龙，以海浪和流云的"御路"相衬托。在 25 000 m^2 的台面上有透雕栏板 1 415 块、雕刻云龙翔凤的望柱 1 460 个和龙头 1 138 个。用这样多的汉白玉装饰的三台，造型重叠起伏，这是中国古代建筑上具有独特风格的装饰艺术。

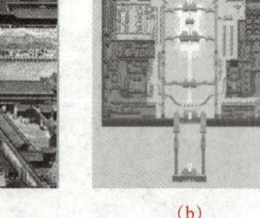

(a) (b)

图 3-25 空间序列典型——北京故宫
(a) 三大殿鸟瞰图（高潮部分）；(b) 故宫平面图

【思政元素融入达成素质目标】通过学习故宫这一中国古建筑的顶峰案例的序列形式美和装饰风格，学生可以提高文化自信，产生艺术传承的兴趣和志向，从而提高审美水平。

(2) 空间序列的排列方式。空间序列的排列方式主要是根据需要,考虑各个空间之间的远近距离、大小尺寸和互通方式。常见的空间序列排列方式主要有线性结构、放射结构、轴心结构、格栅结构四种,如图3-26所示。

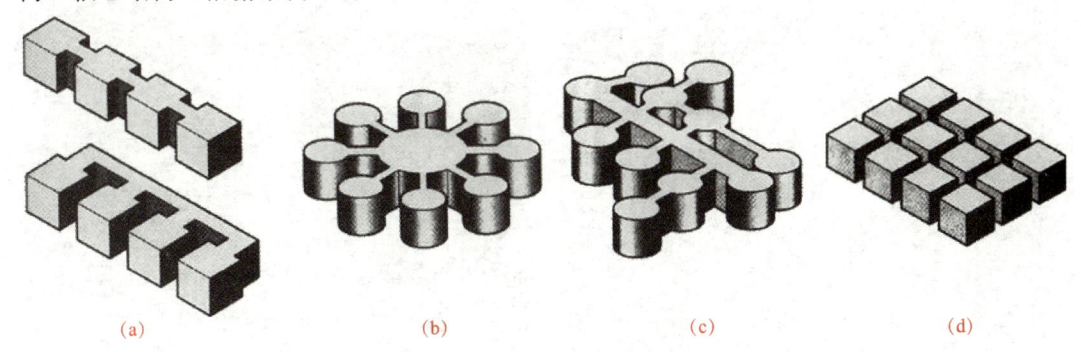

图3-26 空间序列排列方式
(a) 线性结构;(b) 放射结构;(c) 轴心结构;(d) 格栅结构

1) 线性结构。线性结构把建筑中的单元空间沿着一条线进行布置,一般是一条通行道,它可能是笔直的,也可能是曲线形的。虽然这些空间可能在形状或尺寸大小方面有所不同,但它们都相连于通道,这些通道两边建筑空间就呈现了线性布置安排的结构,如图3-27所示。

2) 放射结构。放射结构有一个中央核心,其余空间围绕中心或者从中心向外延伸。采用放射结构的一般都是较为正式的布局,其重点是中央空间,可以是中央花园或大厅。其他空间围绕中央空间布置,并都在中央空间设置出入口,如图3-28所示。

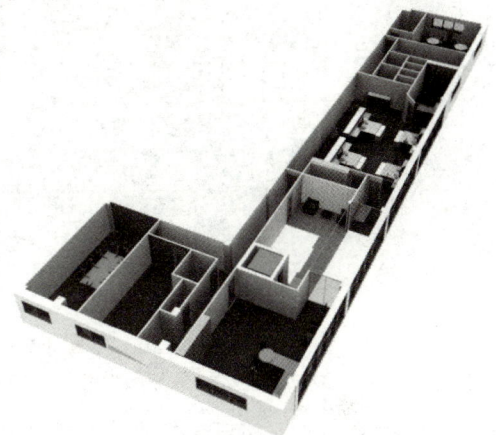

图3-27 线性结构空间

图3-28 放射结构空间
(a) 商场中庭;(b) 环形动线户型设计

3) 轴心结构。当出现两个或两个以上主要的线性结构,而且它们以一定的角度交叉时,空间的组合形式即为轴心结构。例如,图3-29所示的甜品店和过道轴心的住宅空间除主干道可以通往各个空间外，空间之间还有门或者小过道可以穿插。

(a)　　　　　　　　　　　　　　　　　(b)

图 3-29　轴心结构空间

(a) 波兰弗罗茨瓦夫城 Nanan Patisserie 甜品店；(b) 台湾地区白金里居空间设计作品

4）格栅结构。格栅结构即在两组互为轴线的平行线之间建立重复的模块结构。格栅结构把同样的空间组织在一起，一般由环流线路所框定。餐馆里的各张餐桌之间留有供通行的空间，就是格栅结构布局的一个典型例子。如果格栅结构使用得过于频繁，或用于不合适场所，可能会显得相当混乱或单调、乏味，如图 3-30 所示。

图 3-30　格栅结构空间

3.3 侧界面的设计与优化

3.3.1 侧界面装饰设计作用

侧界面主要起承受荷载、对空间进行围护和分隔的作用，包括墙体及隔断，有如下作用。

（1）保护墙体。通过装修使墙体在室内温湿度较高时不易受破坏，延长使用寿命，如浴室、厨房等，常用瓷砖贴面对墙体进行处理。

（2）装饰空间。使室内空间更加富有情趣。

（3）提高物理性能，如隔热、保温、隔声等作用。

（4）灵活分隔空间。

3.3.2 侧界面设计原则

1．安全性

在室内装饰设计中，设计者要严格遵守有关建筑法规。如何在不损害原建筑结构体系的条件下，拆除不需要的墙体，这就要求设计者在设计中严格执行安全性的原则，能不拆的就不拆，若要拆则要在征得结构设计师同意并在有关规范、法律法规允许的条件下进行。所以，室内装饰设计要遵守"安全为第一"的原则。

2．保护性

墙面是人活动经常接触的界面，接触频繁的部位容易损坏，所以室内装饰设计要考虑到墙体的保护性原则。通常的做法是对人体接触多的 1.5 m 以下部分墙体，设计考虑做墙裙以达到保护性的目的。门套的使用不但解决了保护墙角的问题，而且起到了美观的艺术效果。在厨房和卫生间常用瓷砖装修墙体，不但美观，更主要是保护了墙体免受油烟和水汽的侵蚀。将墙体的保护性原则考虑周全不但使空间界面的使用强度增大，而且耐久、美观，可以将室内装修更新的时间延长，从而达到保护建筑物的目的。

3．功能性

由于房间使用功能的不同，各种空间对墙体的要求也有所不同。居室要求比较安静、舒适，墙面的导热系数小，所以采用壁纸、壁布、软包、木板等装修材料更为合适；在电影院、音乐厅等公共视听空间，对声学要求比较高，墙面装修就要综合考虑隔声、吸声、反射等混响时间要求，选用材料要满足这几个方面，并通过自身的形体变化来满足声学的要求；在医院特殊房间、录音棚等空间里，墙壁要求绝对隔声，所以选用装修材料时要考虑隔声，并按照一定的构造做法装修墙面。由于存在气候差异，南北方墙体设计也有很大区别，尤其是在外墙的设计上。北方的外墙要做保温设计，南方的外墙则要注意墙体的防水、防潮问题。这些问题不但在室外墙面设计时要考虑，在室内装饰设计时也要统筹考虑。

4．艺术性

墙面与人的视线接触时间在三个界面中最长、面积最大，所以墙面装饰的艺术性就显得格外重要。在考虑墙面艺术性设计时,要注意墙面的尺度、设计元素的繁简、色彩的搭配等问题。

墙面设计思考不能是孤立的,要通过各个界面综合去考虑。往往是对设计者艺术修养、材料知识、施工经验等能力的综合考验。使用者则是通过对墙面的形状、质感、色彩、图案等综合因素去感受设计,并通过对墙面艺术设计的感悟,逐渐了解整个室内设计风格的内涵。

3.3.3 侧界面设计形式

3.3.3.1 功能性优先侧界面设计

1. 传统三段式墙面

传统三段式墙面即踢脚到墙裙、墙身、顶棚与墙交角形成的棚角线部分。其既能保护墙面的整洁又能满足简洁明快的设计风格,如图 3-31 所示。

2. 整体式墙面

整体式墙面所用的材料基本一致、样式统一、风格统一,简洁明快、节奏感强。在设计选用材料时,要注意材料的质地要坚硬些,材料的分隔要均匀并有节奏变化,整体式墙面主要是以材料为主的墙面设计形式(图 3-32)。

图 3-31 传统三段式墙面　　图 3-32 整体式墙面

(1)块材墙面设计。在实际工程整体墙面的设计中采用一种材料来装饰完整墙面的做法较多。在设计上,这一种材料为墙面的绝对重点,重点突出块材的拼接与对缝,使整体墙面形成规则式韵律。块材墙面简洁、有质感,也比较方便。常用的装饰材料有石材、墙砖等。

(2)玻璃幕墙设计。常见的玻璃幕墙有框式玻璃幕墙、隐框式玻璃幕墙及 DPG 点式玻璃幕墙。

(3)复合墙面设计。在整体墙面上统一采用铝单板、铝塑板等复合材料,使墙面线条清晰、简洁美观。

3.3.3.2 艺术性优先侧界面设计

1. 清水混凝土墙面

清水混凝土墙体是将模板拆除之后不再加任何修饰的混凝土墙面。其外观是水泥颜色，触感光滑，非常具有"工业风"质感，呈现出独特的墙地面装饰效果。其中，清水墙建筑最具代表性，如图 3-33 所示。

图 3-33　清水混凝土墙面

2. 玻璃纤维混凝土墙面

玻璃纤维混凝土又称为 GRC，其依靠材料肌理和凹凸变化来组合成图案。玻璃纤维混凝土墙面的立体感很强，给人强烈的视觉冲击力，如图 3-34 所示。

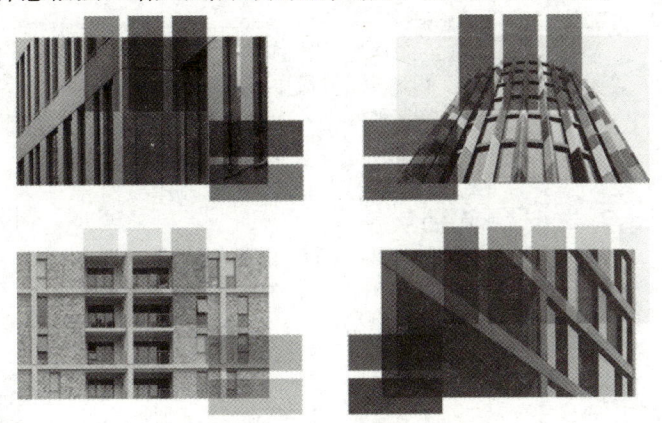

图 3-34　玻璃纤维混凝土墙面

3. 手绘墙面

手绘墙面彰显墙面个性，采用丙烯颜料绘制，附着牢靠，永不起皮，性能稳定，耐久性好，不变色，耐水、耐擦洗，而且抗静电，灰尘不易附着，可以采用水性漆，无毒无味，如图 3-35 所示。

3.3.4　侧界面材料选择

表 3-1 所示为常见墙面材料。

图 3-35　手绘墙面

表 3-1　常见墙面材料

序号	材料大类	种类	特点	图例
1	抹灰类	一般抹灰、装饰装修抹灰	经济实用、光洁细腻、亚光效果，适用不平整墙面；缺点是易落灰、藏灰	
2	卷材类	壁纸、墙布、皮革及人造革、丝绒锦缎	（1）壁纸：品种多、吸声、易于清洁，部分具有耐水、防火、防霉的性能； （2）墙布：经济、品种多、吸潮、无毒无味、吸声、色泽鲜艳； （3）皮革及人造革：质地柔软、手感好、隔声隔热； （4）丝绒锦缎：真丝织物，装修效果华贵，造价高、装裱工艺难度大，不易保持卫生	
3	贴面类	石材干挂类、墙砖类	（1）石材干挂类：如大理石（文化石）、花岗岩，坚硬耐久、纹理自然、华丽、艺术感强； （2）墙砖类：分釉面砖、无釉面转、外墙砖、内墙砖。光滑洁净、耐火防水、抗腐蚀，图案种类多	
4	贴板类	石膏板、木材、玻璃、金属板	（1）石膏板：质轻、隔热、吸声、阻燃、易施工； （2）木材：质轻、强度高、弹性韧性好、对电热声有高绝缘性、纹理自然、华贵，但防火性能差； （3）玻璃：多纹理、具艺术性、通透、反射性强； （4）金属板：使用寿命长、质地坚硬、色彩丰富、现代感强，饰面金属材料造价高	

【搜一搜】

现在有哪些网红墙面材料或新型墙面材料？

【思政元素融入达成素质目标】通过学习、对比不同的材料性能和应用，学生可以树立绿色环保、经济节能的意识。

3.3.5　侧界面设计参考

3.3.5.1　背景墙常见造型形式参考

近年流行的背景墙主要有七种造型形式，分别是抽缝线条、大理石、拱形装饰、木格栅、石膏线、艺术涂料、艺术造型。背景墙常见造型形式如图 3-36 所示，完整参考图集及背景墙设计立面参考见教学资源附件。

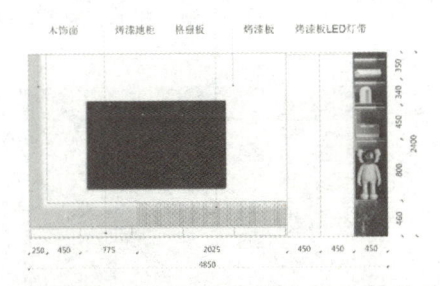

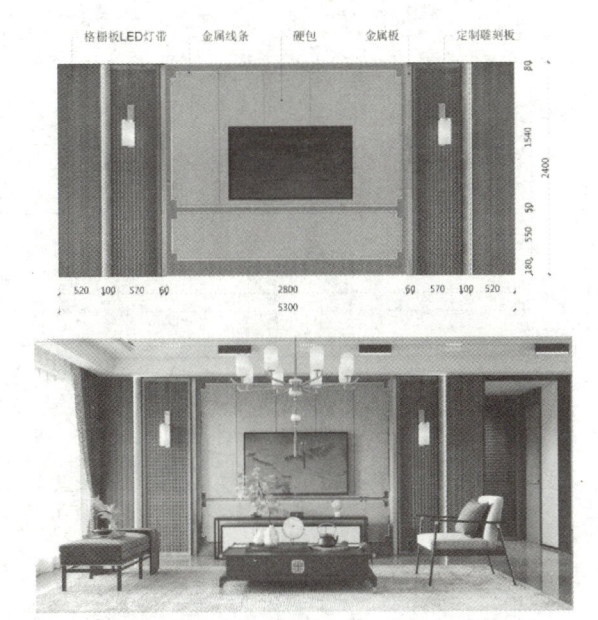

图 3-36 背景墙常见造型形式

【做一做】

请尝试设计一款流行的悬空电视背景墙。

3.3.5.2 隔断常见造型形式参考

隔断从形式上划分有透明式、布帘式、全包式、半包式四种。完整参考图集参考见教学资源附件。

1. 透明式

用框架和玻璃组合打造的隔断可以最大限度地共享光源。在一些窗户较少的开间中，被隔到最里面的空间往往没有光源，只能依靠灯光照明，而透明式隔断能起到很好的功能分区作用，又不会切断里间的光源，如图 3-37 所示。

图 3-37 透明式隔断

2. 布帘式

布帘式隔断是最为简易的隔断设计，其最大的优点是开合方便，只需要在房间顶端加一条拉杆，就可以随时敞开或闭合。如果想要私密性就闭合布帘，想要宽敞的空间体验就拉开布帘，如图 3-38 所示。

图 3-38　布帘式隔断

3. 全包式

隔板垂直接到近乎屋顶的全包式隔断保存了较好的私密性，实现了功能分区，而且每一间的入门一侧均采用开放结构，使动线变得更加宽敞，如图 3-39 所示。

图 3-39　全包式隔断

4. 半包式

相对于全包式隔断，隔板拦腰"砍掉"一截形成的半包式隔断，在视觉上没有破坏房间整体的宽敞程度，但在功能上又实现了清晰的分区。里、外间设置更加通畅，靠里的空间绝不会有"憋屈感"。半包式隔断经常被用在厨房与客厅的区分上，既有功能的区分，又互通为一个整体，而隔断本身又可以作为一个餐区。半包式隔断如图 3-40 所示。

图 3-40 半包式隔断

【想一想】

不用拆砌墙体如何进行空间分隔？都有哪些手法可用？

3.4 顶界面的设计与优化

3.4.1 顶界面装饰设计作用

顶棚在室内空间的形式和竖向尺度限定方面起到重要视觉作用。顶界面装饰设计具有如下作用。

（1）遮盖各种通风、照明、空调线路和管道。

（2）为灯具、标牌等提供可承载的实体。
（3）营造特定的使用空间气氛和意境。
（4）有吸声、隔热、通风的作用。

3.4.2 顶界面设计原则

（1）注意顶棚造型的轻快感。
（2）满足结构和安全要求。
（3）满足设备布置的要求。如通风空调、消防系统、强弱电布置等。

3.4.3 顶界面设计形式

3.4.3.1 建筑结构类

1. 大跨度钢结构顶棚

通常采用桁架、网架、悬索桥、斜拉桥、张弦梁、索穹顶等结构形式建成特大空间，大跨度钢结构顶棚广泛应用在体育馆、展览馆、宾馆中庭、候车厅、厂房等大空间，极具现代感［图3-41(a)］。

2. 建筑设备类顶棚

建筑设备类顶棚主要展示经过简单装饰的各种管道、管线和设备，可考虑涂刷涂料加以装饰，突出后工业化设计情调，常见于大型仓储式购物中心、餐饮、酒吧甚至办公、会议空间［图3-41(b)］。

3. 木作坡屋顶类顶棚

木作坡屋顶类顶棚包括木结构的屋架及仿木结构屋架的顶棚形式［图3-41(c)］。

4. 混凝土结构类顶棚

混凝土结构类顶棚主要在住宅建筑、办公建筑中最为常见，可以以清水混凝土结构顶棚为主，也可以装饰彩色涂料，或辅以极少的吊顶及线条（如走一圈双眼皮石膏边），既有一定的艺术效果，又能最大限度地利用室内空间［图3-41(d)］。

(a)

(b)

(c)

(d)

图3-41 建筑结构类顶棚
(a) 大跨度钢结构顶棚；(b) 建筑设备类顶棚；(c) 木作坡屋顶类顶棚；(d) 混凝土结构类顶棚

3.4.3.2 吊顶类

1. 平整式顶棚

顶面为一个较大的平面或曲面,或者由若干个相对独立的平面或曲面拼合而成(在拼接处布置灯具或通风口),可以是经过喷涂、粉刷、壁纸张贴的屋顶本身的下表面;也可以是用轻钢龙骨与纸面石膏板、矿棉吸声板等材料做成的吊顶。其构造简单、简洁大方,适用于候车室、休息厅、教室、办公室或高度较小的室内空间,通过色彩、质感、分割线及灯具来展现设计感[图3-42(a)]。

2. 悬挂式顶棚

在承重结构下面悬挂各种折板、栅格或其他饰物,构成悬挂式顶棚(二次吊顶)。它可以满足声学、照明等方面的特殊要求,多采用石膏板、矿棉板、铝合金板和塑料板等多种板材[图3-42(b)]。

3. 灯井式顶棚

灯井式顶棚(分层式顶棚)做成几个高低不同的层次,采用暗槽灯,以取得柔和均匀的光线。局部升高后的井心常布置灯具,其平面样式变化多样,如方形、圆形、自由曲线形、多边形等,简洁大方,与灯具、通风口的结合更自然[图3-42(c)]。

4. 韵律式顶棚

韵律式顶棚吊顶造型呈现出某种有规律的变化,装饰图案分为井格式、格栅式、散点式三种[图3-42(d)]。

图 3-42 吊顶类顶棚
(a) 平整式顶棚;(b) 悬挂式顶棚;(c) 灯井式顶棚;(d) 韵律式顶棚

5. 自由式顶棚

足够宽敞、层高高的空间采用的一些异型吊顶形式，张扬个性，即自由式顶棚，其中以悬浮式吊顶比较有代表性。

3.4.3.3 局部吊顶类

1. 功能性局部吊顶

功能性局部吊顶通常是在靠近边墙处用来掩盖裸露的水、电、气管道，风管机或梁的局部吊顶方式。

2. 装饰性局部吊顶

装饰性局部吊顶以吊边棚最为常见，棚井部分采用原结构棚面，在墙面周围的上空做局部的吊顶造型，内藏灯带或内嵌射灯等。

3.4.3.4 顶界面材料选择

常见顶界面材料见表 3-2。

表 3-2 常见顶界面材料

序号	材料大类	种类	特点	图例
1	围护材料	纸面石膏板	平整度好、造价低、自重轻、隔声、隔热、施工便捷，分普通、耐水、耐火、防潮四种类别	
2		扣板	（1）金属扣板：自重轻、使用耐久、安装简单，有条形扣板和方形扣板两种；（2）塑料扣板：质量轻、耐腐蚀、抗老化、保温、防潮、防虫蛀、防火	
3		胶合板	较薄、易弯曲、顶棚有曲线造型时常局部使用	
4		细木工板	平整度好、适合做各种异型造型，造价高	
5	饰面材料	涂料类	乳胶漆类，造价低、施工方便	
6		裱糊类	如壁纸，施工难度大，大面积不宜采用	
7		板材类	造价较高、有比较好的艺术效果，包括有木质饰面、金属板材、塑铝板、氟碳板等	

续表

序号	材料大类	种类	特点	图例
8	顶棚常用设备	喷淋头	用于消防灭火,吊顶不能遮盖	
9		烟气探测器	用于火灾报警,吊顶不能遮盖	
10		半球摄像头	用于安全监控,可嵌入吊顶	
11	顶棚常用设备	扬声器	用于扩音,可嵌入吊顶	
12		排风口/送风口	用于通风换气/风管机设备,可嵌入吊顶	

【思政元素融入达成素质目标】通过展示对比不同的材料性能和应用,学生可以树立绿色环保、经济节能的意识。

3.4.3.5 顶界面设计参考

顶界面常见造型样式参考图例如图3-43和图3-44所示。完整参考图集及顶棚布置图设计参考见教学资源附件。

图3-43 顶界面常见造型样式图集

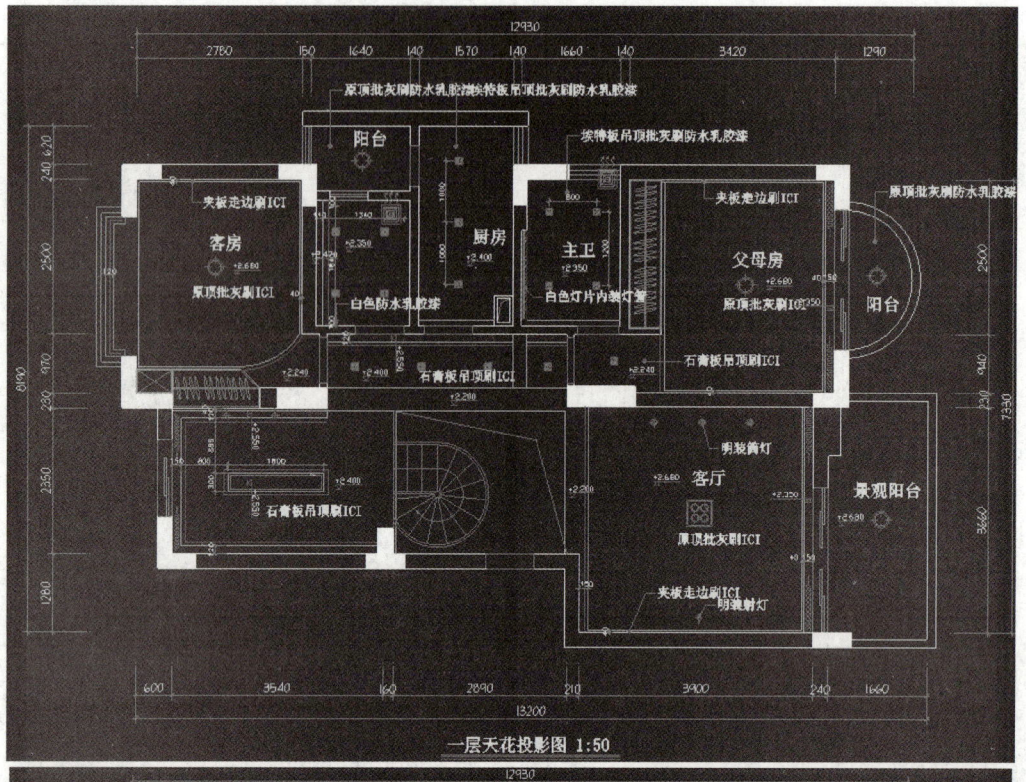

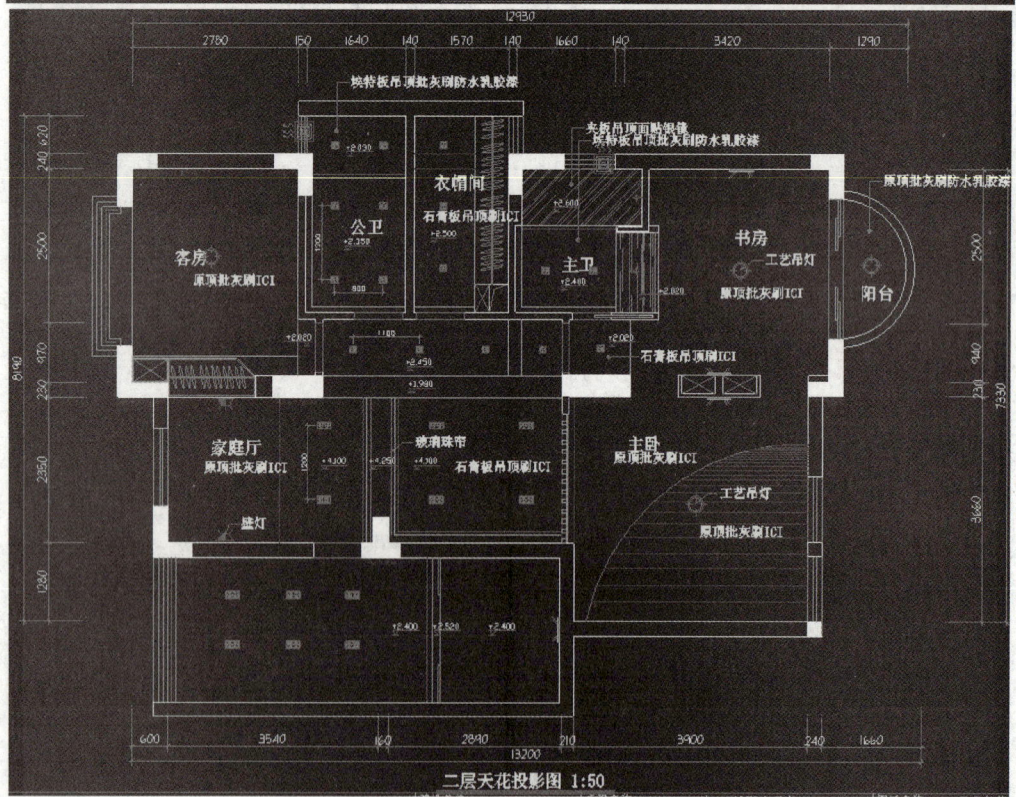

图 3-44 顶棚常见样式图案 CAD 图集

> 【做一做】
>
> 请尝试绘制一套室内空间的CAD顶棚布置图。

【思政元素融入达成素质目标】通过展示分析对比不同的风格及装饰细部构件，学生可以创造性地提取传统元素，并勇于进行古今中西方文化的创新与融合，从而培养创新、开拓精神。

3.5 底界面的设计与优化

3.5.1 底界面装饰设计作用

在室内空间的三种不同界面中，地面是与人接触最为频繁的一个水平界面，视线接触频繁，并且要承接静、活荷载，所以地面的设计不但要艺术性强，而且还要坚固耐用。在不同使用功能的房间里，地面的设计要求还要包括耐磨、防水、防滑、便于清洗等。特殊的房间地面还要做到隔声、防静电、保温等要求。

因为地面与人的距离较近，其色彩感、艺术感和软硬感能够很快地进入人的第一感觉，使人马上就能得出对地面质量的评价。所以设计地面时，除根据使用要求正确选用材料外，还要精心研究色彩和图案。另外，地面既是室内家具、设备的承载面，又是它们的视线背景，在设计地面的时候要同时考虑家具和设备的材质、图案和色彩搭配，使地面的功能设计与艺术设计更加完善。

3.5.2 底界面设计原则

（1）功能性因素：如容易弄湿的地方，避免使用坚硬、光滑的材料，容易打滑；柔软绒类带孔的材料能减弱冲击声，起到消声作用；浅色地面可较多反射光线，有助于加强颜色较深或采光较差空间的明亮度。

（2）导向性因素：一般在门厅、走廊、商场等空间采用导向性构图，使进入者根据地面导向从一个空间进入另一个空间。

（3）装饰性因素：运用点、线、面的构图组成几何图案，可使得整个空间产生活泼、动感或庄严宁静的感觉。

3.5.3 底界面设计形式

1．功能性地面

功能性地面分为质地划分及导向性划分两种铺设形式。质地划分是根据室内的使用功能特点，对不同空间地面采用不同质地地面材料；导向性划分则是采用不同图案的地面设计来突出交通通道，起到引导作用（图3-45）。

|(a)|(b)|

图 3-45　功能性地面
(a) 质地划分；(b) 导向性划分

2. 艺术式地面

艺术式地面通过不同图案的色彩搭配、拼接，达到地面装饰艺术效果，烘托整个空间的艺术氛围，通常使用的材料有花岗石、大理石、地砖、水磨石、地板块、地毯等（图 3-46）。

3. 地台式地面

地台式地面是在原有地面基础上采用局部地面升高或降低（下沉式地台）所形成的地面形式。修建地台常选用砌筑回填集料完成，也可以用龙骨地台选板材饰面（图 3-47）。

图 3-46　艺术式地面

图 3-47　地台式地面（地台及下沉地面）

3.5.4　底界面材料选择

常见底界面材料见表 3-3。

表 3-3 常见底界面材料

序号	材料大类	种类	特点	图例
1	木质地面	实木条状地板、实木拼花地板、实木复合地板、人造板地板、复合强化地板、薄木敷贴地板、竹制条状地板、竹制拼花地板、软木地板	（1）实木地板：色彩丰富、纹理自然、富有弹性，具有一定隔声性和防潮性，但对湿度要求高、造价高； （2）复合地板：包括实木复合和强化复合，表面平整、花纹整齐、耐磨性强、便于保养、价格适中，脚感略硬	
2	石材地面	花岗岩、大理石	（1）花岗岩（麻石）：质地坚硬、耐磨性极强、华丽美观、经久耐用； （2）大理石（云石）：纹理清晰、花色丰富、美观耐看，但耐磨性略差，可进行重点地面拼花	
3	地砖地面	抛光砖、玻化砖、釉面砖等	（1）抛光砖：表面光亮、不防滑、吸水率高、易渗入； （2）玻化砖（通体砖）：光滑透亮、硬度密度高于抛光砖、吸水率更小、防滑性能较好； （3）釉面砖：色彩图案丰富，耐磨性差	
4	马赛克（锦砖）	陶瓷马赛克、大理石马赛克、玻璃马赛克	花色繁多、质地坚硬、经久耐用、耐水、耐火、耐酸、耐碱、易清洗、防滑、艺术效果好	
5	艺术水磨石地面	现场浇筑水磨石、预制板材水磨石砖	硬度高、耐磨、耐老化、耐污损、抗渗透强、花色繁多	
6	水泥自流平地面	环氧树脂自流平、水泥粉光、磐多魔	硬化快、施工简单省时、造价低、易开裂，对施工水平要求高	

续表

序号	材料大类	种类	特点	图例
7	塑料地面	包括花印花压花塑料地板、碎粒花纹地板、发泡塑料地板、塑料地面卷材、橡胶地板	价格低、装饰效果好、色彩鲜艳、施工简单、易清洁、脚感舒服、耐磨、噪声小、有一定弹性隔热性,但不耐热、易老化、易污染、遇锐器易损坏	
8	地毯地面	纯毛地毯、混纺地毯、合成纤维地毯、塑料地毯、植物纤维地毯等	隔热保暖、舒适、有弹性、抗磨、美观,但不易清洁、易施工、易燃	
9	涂料地面	包括地板漆、水性地面涂料、乳液型地面涂料、溶剂型地面涂料	色彩多样、易清洁、耐碱耐磨性好、粘结力强、耐水性好、抗冲击力强、涂刷施工方便	
10	聚合物地坪	包括聚醋酸乙烯地坪、环氧地坪、聚酯地坪、聚氨酯地坪	高强度、耐磨损、美观,具有无接缝、质地坚实、耐药品性佳、防腐、防尘、保养方便、维护费用低等优点,常用于工厂、地下车库等	

【思政元素融入达成素质目标】通过展示对比不同的材料性能和应用,学生树立绿色环保经济节能的意识。

3.5.5 底界面设计参考

地面铺贴常见造型样式参考图例如图3-48和图3-49所示。完整参考图集及地面铺装图设计参考见教学资源附件。

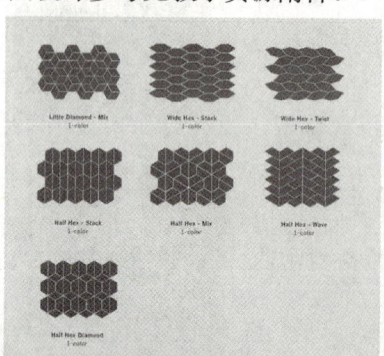

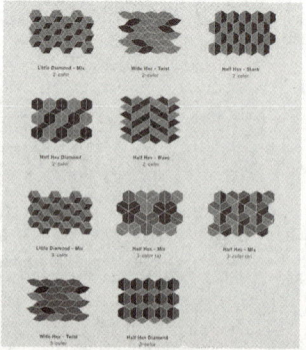

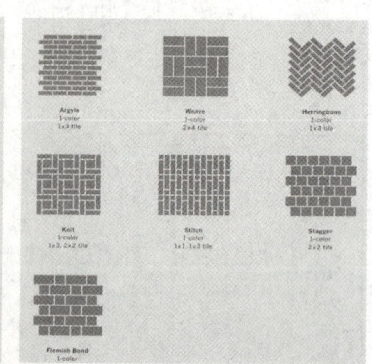

图3-48 地面铺贴常见造型样式参考图例

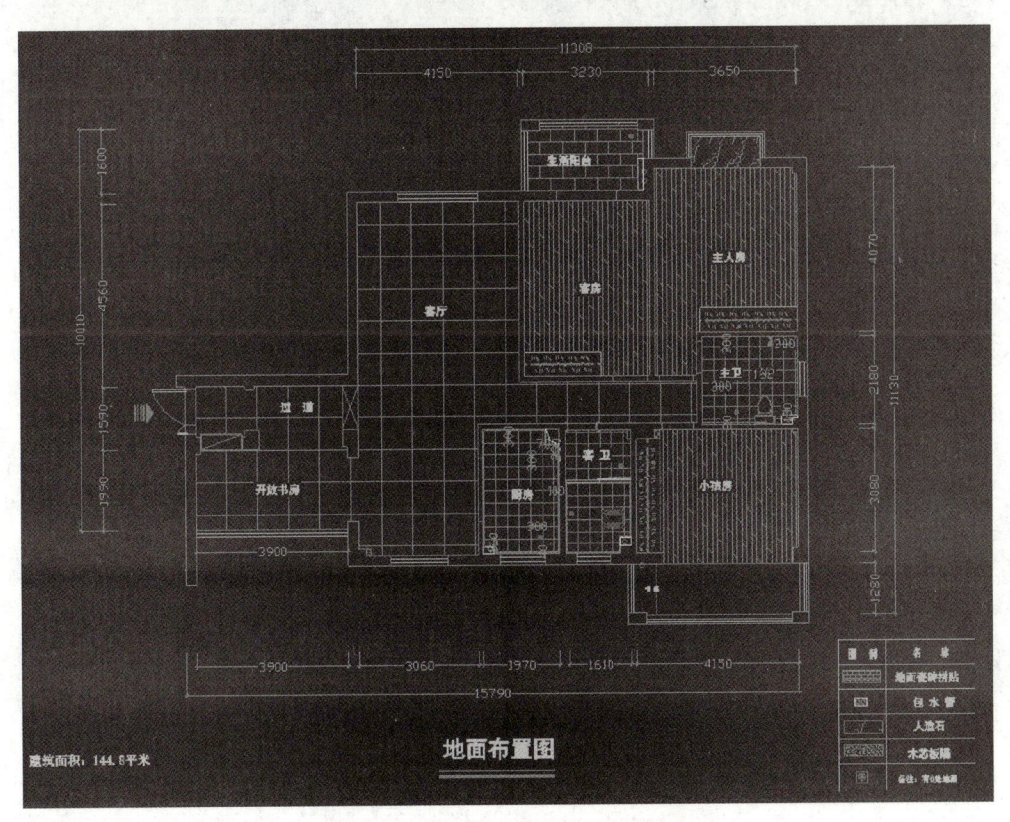

图 3-49 地面铺贴常见造型样式图集

> 【想一想】
>
> 采用哪种地面铺设手法可以让空间既美观又显大？

> 【做一做】
>
> 请尝试绘制一套室内空间的 CAD 地面铺装图。

3.6 空间界面设计项目实践

3.6.1 任务描述

任务 1　空间界面设计案例分析

1. 任务内容

图 3-50 所示为 D-YOUNG DESIGN 设计的极简案例。请分析全屋空间界面设计。

图 3-50　极简案例

图 3-50 极简案例（续）

2．提交文件及要求

写出简洁的图文分析报告，要求对每一个功能空间进行顶面、侧面及底面三个围合界面的造型、色彩及材质、剖面节点的分析。不要求规范模板，主要考察大家资料收集，问题分析，资料整理归纳、撰写的能力，并了解每个人对界面设计的掌握情况，以及对空间设计的独特感受和见解，然后将分析报告提交至作业板块。

【思政元素融入达成素质目标】通过案例分析任务实践，学生思考并体会简约绿色节能生活方式，树立绿色环保经济节能的意识。

任务 2　空间界面设计项目实践任务

1．设计内容

对上一空间组织设计任务中已完成并修改完善的空间进行顶界面、底界面及侧界面（包括背景墙及隔断）的具体设计，思考各界面的设计风格、形状样式、图案及材质，成员分工进行吊顶、地面铺装、背景墙及隔断的设计及其施工图的绘制，并开始使用 3ds Max 或草图大师 Sketch Up 初建空间白模（可暂不赋予材质贴图）。

2．设计步骤

（1）收集符合要求的界面装饰图片等参考资料，进行吊顶布置图、地板的地面铺装图、背景墙及隔断的立面图绘制，并严格按 CAD 施工图绘图规范完成相应内容。

（2）平面图使用标准图框，在平面图上标注清楚相关数据和改造说明。

3．提交内容

（1）吊顶布置图（标注顶棚样式工艺及灯具分布）。

（2）地面铺装图。

（3）背景墙/隔断立面图。

（4）节点大样图。

（5）模型白模图（以截图或渲染测试图等方式出图，可参考图 3-51）。

4．附录：各施工图绘图规范

（1）吊顶布置图必须注明房间名称，必须标有吊顶的细部尺寸、标高及所用材料名称。木作及复杂造型的顶，应有剖切图，并注明剖切位置。

（2）地面材质图须标注清楚房间名称、地面材料、造型图样（包括块料尺寸，边长 450 mm 的块料应画准排砖位置）。

图 3-51　模型白模图参考

（3）立面图包括正投影方向可见的墙面、家具的外轮廓线和构造图，标注墙面/隔断的材料、做法及细部尺寸。

3.6.2　评价考核标准

对任务 1 和任务 2 进行综合评价，空间界面设计与优化任务评价考核标准见表 3-4（仅供参考，可根据实际授课情况调整）。

表 3-4　空间界面设计与优化任务评价考核标准

课题：空间界面设计与优化								班级：		组别：		姓名：	
评价元素	评价主体											
	成果（60%）										过程（30%）		增值（10%）	
	自评（5%）		组间互评（5%）		组内互评（10%）		师评（20%）		企业评价（10%）	机评（10%）	师评（20%）	机评（10%）	师评	
	线上	线下	线上	线下	线上	线下	线上	线下					完成拓展任务（10分）	完善课堂任务（6分）
知识 了解室内空间设计的类型及各界面设计的原则和要求										✓	✓			
掌握室内空间处理的方法										✓	✓			
技能 能根据用户需求对××小区的各界面进行合理的设计	✓		✓		✓		✓				✓			
能够绘制出简单、合理、规范的立面/平面设计图，制作出相应的三维界面模型	✓		✓		✓		✓		✓		✓	✓		
素质 发现、分析并解决问题的能力	✓		✓						✓		✓		✓	✓
较强团队合作意识	✓		✓						✓		✓		✓	✓
创新意识	✓								✓		✓		✓	✓
细致、全面的工作态度	✓			✓					✓		✓		✓	✓
得分														

▎**本模块小结**◀

本模块介绍了室内空间界面的概念、设计原则和要求，让学生理解室内空间界面的一般处理方式，掌握室内各界面的设计方法技巧，能够设计出整体造型美观、符合功能技术要求的室内空间界面。

▎**课后思考及拓展**

  1. 在线测试：空间与界面处理测试。对空间类型及处理技巧、界面设计等知识的掌握程度进行检验。

  2. 空间界面设计实践项目任务：家居/商业空间中对围合界面进行设计，统一装饰风格，绘制施工图并撰写设计说明。

模块 4　室内色彩材料选配

学习情境

完成空间各界面设计之后，若想要让整个室内空间形成整体统一的风格调性，可以通过哪些方面来打造风格调性统一的、美观高质感的空间呢？

课前思考

1. 色彩搭配不好是否会引起视觉疲劳？是否会影响情绪？是否会影响专注力？
2. 儿童室内空间为什么对空间色彩设计要求高？
3. 近年来，市场上流行的莫兰迪色系为什么让人觉得更舒服、更减压？
4. 硅藻泥属于环保材料吗？你知道现在有哪些新兴的网红装饰材料吗？

知识目标

1. 熟悉色彩三要素及色相环的基础知识。
2. 掌握色彩搭配的手法。
3. 了解色彩改变室内装饰风格的方法。
4. 基本了解室内各空间常用的装饰材料。

能力目标

1. 能够熟练从空间色彩设计优秀案例中提取其中的色彩搭配，制作配色表并利用空间色彩设计知识要点进行色彩分析。
2. 基本能够根据配色手法进行室内空间色彩的搭配。
3. 能够识别出室内空间的各种装饰材料，并撰写室内空间项目（主材）物料表。

> **素养目标**

1. 通过分析莫兰迪色在中式传统空间及服饰中的应用，学生可以增强文化自信，并思考如何更好地传承传统美学，从而培养感受力及审美能力。
2. 通过引入社会热点问题，学生可以思考如何利用空间设计缓解或尝试解决社会问题。
3. 通过提出对设计的自我质疑，学生可以思考诚信、节能环保经济，从而塑造科学思维，提升社会责任感、职业使命感。
4. 通过随堂快题及任务的实施，学生可以培养自主思考并能举一反三的能力、自主知识更新的意识和能力，以及精益求精的工匠精神。

> **思政元素**

1. 传统美学、文化自信。
2. 社会责任感、职业使命感。
3. 诚信。
4. 节能环保经济。

> **本模块重难点**

1. 重点：色彩搭配手法；室内空间常用材料辨析。
2. 难点：根据搭配手法进行空间色彩设计；根据模板撰写室内空间设计项目（主材）物料表。

4.1 室内色彩设计基本概念

4.1.1 色彩的基础知识

4.1.1.1 色彩的物理理论

没有光就没有色彩。在原始社会时期，由于认知的局限，人们误以为世界是五彩缤纷的，与光没什么关系。然而，当黑夜降临的时候，人们发现，缤纷的世界在视线中消失了。

随着时代的发展，人们的认识能力提高了，发现世界本是无色的，由于有了光的照射才能显现出五彩缤纷的世界。因此，我们要从科学的角度来认识色彩，世界万物的色彩是由光的照射所引起的，是从光→物体→眼睛→大脑的整体过程。色彩是光射入眼睛再传入大脑的视觉中枢产生的感觉。看见色彩，不是由眼睛决定的，而是由人脑的视觉功能来管控的。色彩是人的一种感觉，是由各种负责视觉辨识的细胞和神经来完成的，是人的大脑和思想赋予了它最终的意义，若没有光、物体、眼睛、大脑，就没有色彩，没有五彩缤纷的世界（图4-1）。因此，光、物体、正常的视觉是产生色彩的必要条件。

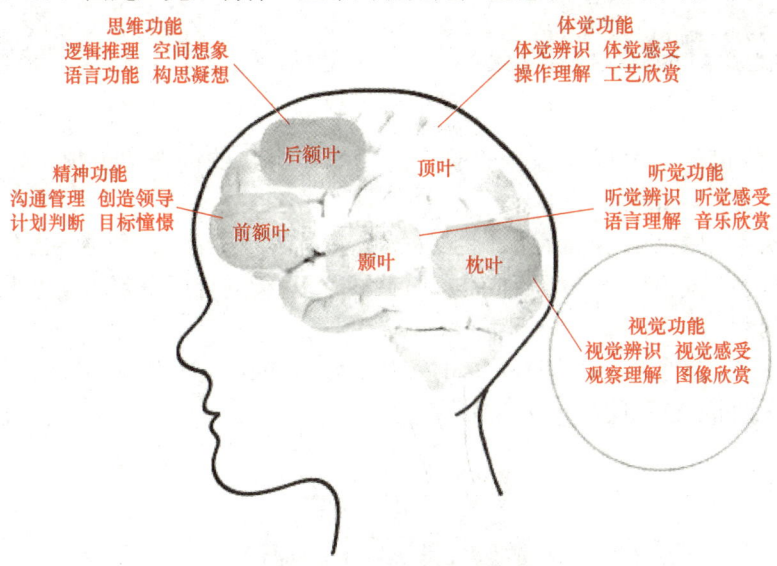

图4-1 大脑各功能分布（《室内设计实战指南》羽番绘制）

4.1.1.2 色光三原色和色料三原色

采用红（Red）、绿（Green）、蓝（Blue）三种色光进行混色来显示其他颜色。色光越混合越亮，因此称为加法混色。电视、计算机的显示就采用加法混色原理。红（R）、绿（G）、蓝（B）、被称为光的三原色，如图4-2所示。

采用青蓝色（Cyan）、洋红色（Magenta）、黄色（Yellow）三种颜料进行混合来制造其他颜色。颜色越混合越暗，因此称为减法混色。颜料调色、彩色打印机的工作原理就是减法混色。青蓝色（C）、黄色（Y）、洋红色（M）被称为颜料的三原色，如图4-3所示。

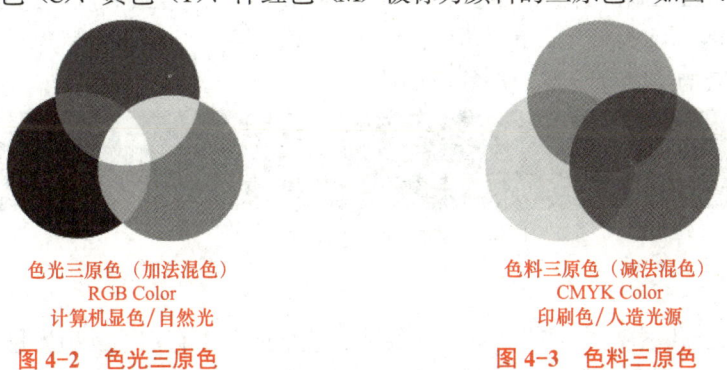

图4-2 色光三原色

图4-3 色料三原色

4.1.1.3 色彩三要素（HSL）

1. 色相

色相（Hue）是指色彩不同的相貌。色相中以红、橙、黄、绿、紫色代表着不同特征的色彩相貌。不同相貌色彩的名称代表着不同波光给人的不同特定感受，并形成一定的秩序（图4-4）。

图 4-4　色相

伊顿 12 色相环是由近代著名的瑞士色彩学大师约翰内斯·伊顿（Johannes Itten，1888—1967）设计，如图 4-5 所示。

（1）一次色（原色）：在美术上，将红、黄、蓝称为颜料的三原色或一次色。

（2）二次色（间色）：通过两种不同比例的原色进行混合所得到的颜色为二次色，二次色又叫作间色。

（3）三次色（复色）：用任何两个间色或三个原色相混合而产生出来的颜色为三次色（复色），包括了除原色和间色以外的所有颜色。

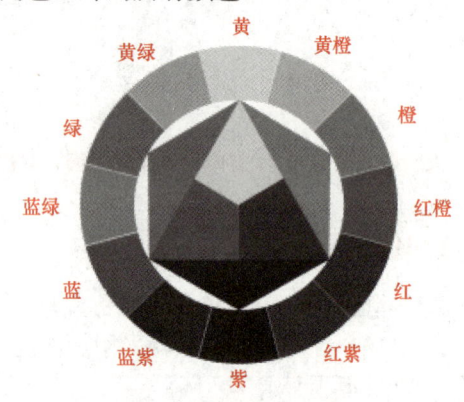

图 4-5　伊顿 12 色相环

2．饱和度

饱和度（Saturation）即色彩的鲜艳程度，也称色彩的纯度或彩度。纯度指色彩的鲜、浊度，也有人将其称为艳度。色彩中以红、橙、黄、绿、青、紫色等基本色相的纯度最高。黑、白、灰的纯度等于零，如图 4-6 所示。

图 4-6　饱和度

3．明度

明度（Lum）是指色彩的明亮程度。各种有色物体由于它们的反射光量的区别而产生颜色的明暗强弱。色彩的明度有两种情况：一是同一色相不同明度。如同一颜色在强光照射下显得明亮，弱光照射下显得较灰暗模糊；同一颜色加黑或加白掺和以后也能产生各种不同的明暗层次，如图 4-7 所示。

图 4-7　明度

4.1.1.4 色彩关系

为了更方便地观察色彩，色彩学家又专门设计了色相环。将红、橙、黄、绿、蓝、紫等纯色以顺时针环状排列，称为色相环。它们的关系如图4-8所示。

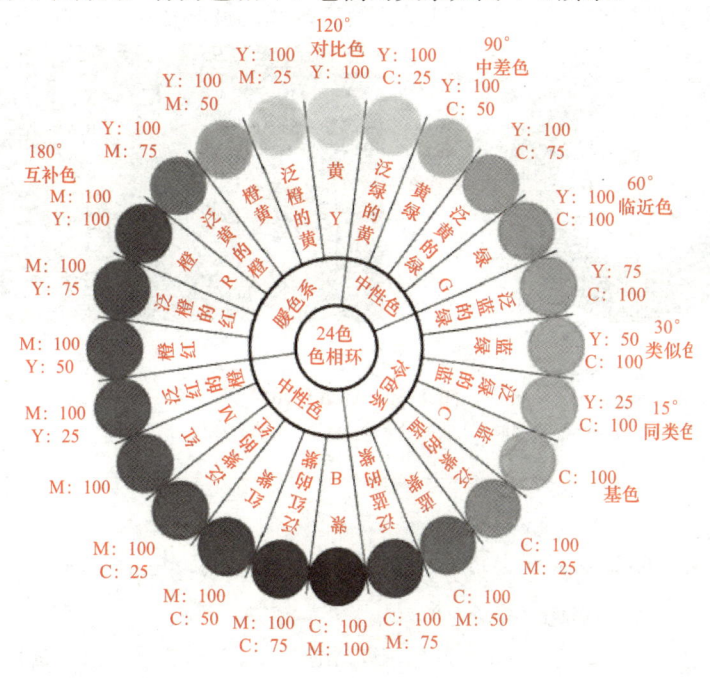

图 4-8 色彩关系

1. 同类色（30°色，关键词：统一）

在色相环上 0～30°内相邻接的色统称为同类色。同类色是色相性质相同但具有深浅之分的颜色。可保持画面的统一与协调感，呈现出柔和的质感。由于搭配效果相对较平淡和单调，可通过色彩明度和纯度的对比，从而达到强化色彩的目的（图4-9）。

图 4-9 同类色示意
(a) 30°色相环；(b) 黄绿同类色应用

2. 邻近色（90°色，关键词：稳健）

在色相环中夹角 0 ~ 90°的颜色称为邻近色。邻近色对比属于色相的中对比，可保持画面的统一感，又能使画面显得丰富、活泼。可增加明度和纯度对比，丰富画面效果。可以任选两种以上的邻近色以不同的纯度进行有规律的调和搭配，如图 4-10 所示。

(a)   (b)

图 4-10 邻近色示意
(a) 90°色相环；(b) 蓝紫红临近色应用

【做一做】

使用以下邻近色的两个搭配方法来尝试进行色块或物品的搭配。
（1）无彩色 + 有彩色（邻近色）。
（2）有彩色（邻近色）A+ 有彩色（邻近色）B+ 无彩色（不同明度）。

3. 对比色（120°色，关键词：华丽）

在色相环中呈 120°的色彩是对比色（撞色）。对比色相搭配是色相的强对比，其效果鲜明、饱满，容易给人带来兴奋、激动的感觉。作品中常以高纯度的对比色配色来表现随意、跳跃、强烈的主题，以起到吸引人们目光的作用（图 4-11）。

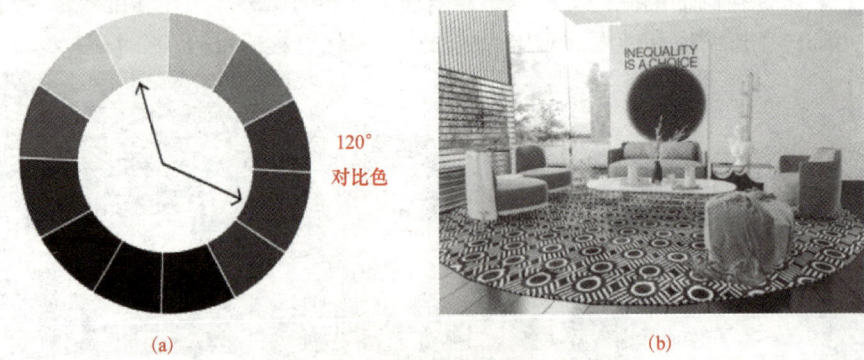

(a)   (b)

图 4-11 对比色示意
(a) 120°色相环；(b) 蓝、橙对比色应用

4. 互补色（180°色，关键词：冲突）

在色相环中，以某一颜色为基准，与此色相相隔 180°的任意两色互为补色，互补色的色相对比最为强烈，画面相较于对比色更丰富、更具有感官刺激性。当补色并列时，会引起强烈对比的色觉，会感到红的更红、绿的更绿。如将补色的饱和度减弱，即能趋向调和（图 4-12）。

图 4-12 互补色示意

(a) 180°色相环；(b) 红、绿互补色应用

4.1.2 空间色彩设计

4.1.2.1 色彩作用与效果

1. 色彩的象征性

在设计中运用色彩设计手法时，要准确理解色彩的象征性，即色彩所传达的情感。色彩情感实质上是人们对外界事物的一种审美，是人们依附在色彩上的情感，由此可以区分出具象色彩与抽象色彩。比如大海、天空的颜色是蓝色，这里所说的蓝色是具象的色彩；代表冷静、清凉的颜色也是蓝色，这里所说的蓝色是抽象的、附加了情感认知的色彩。

了解色彩不仅要从色相上判断，还要从色彩依附的载体、色彩的来源、色彩的文化、不同年龄段的人对色彩的偏好、色彩在不同空间中的应用等方面加以理解。

2. 色彩的温度感

根据人们的心理和视觉判断，色彩有冷暖之分，可分为三个类别：暖色系（红、红橙、橙、黄橙、黄）、冷色系（绿、蓝绿、蓝、蓝紫、紫）、中性色系（红紫、黄绿），如图 4-13 所示。

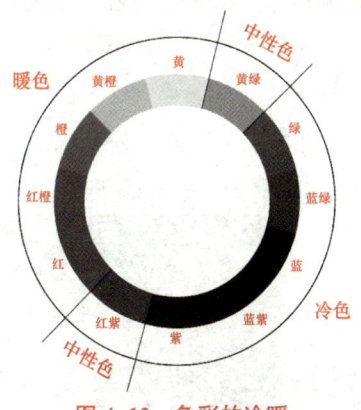

图 4-13 色彩的冷暖

3. 色彩的距离感

在人与物体距离一定的情况下，物体的色彩不同，人对物体的距离感受也不同。色彩的距离感与色相有关，分为前进色、后退色，如暖色凸，显得近；冷色凹，显得远，如

图 4-14 所示。

明色感觉前进　　暗色感觉后退

图 4-14　色彩的距离

4. 重量感

色彩的重量感是通过色彩的明度、饱和度确定的。有光泽、质感细致、坚硬的材料给人以重的感觉；而松软、粗糙的材料给人以轻的感觉（图 4-15）。

图 4-15　色彩的重量

5. 尺度感

色彩的尺度主要取决于色彩的明度（亮度）及色相，明度越高，颜色越浅，显得面积越大，为膨胀色；反之，则显得面积越小，收缩感加强（图 4-16）。

膨胀色

收缩色

图 4-16　色彩的尺度

4.1.2.2 色彩搭配手法

1. 色彩搭配的基本原理

我们对一个空间中颜色的印象往往是由色调决定的。色调是指色彩的浓淡、强弱程度,由明度和纯度决定。常见的色调有鲜艳的纯色调、接近白色的单色调、接近黑色的暗色调等。图 4-17(a)是色调的浓淡变化,图 4-17(b)是单色调的应用案例。采用了波普花纹的薄红色与波普花纹的水绿色,红色与绿色为互补色,明度、纯度保持一致,空间搭配非常和谐,清新舒适。如果选择对比色、互补色等色相对比强烈的颜色,同样也可以按统一的色调来进行搭配。

色调是一个空间内色彩的基本倾向,如一个空间里用了很多颜色,但总体是有一种倾向的,偏冷色或偏暖色、偏红色或偏蓝色。在一个空间中,即使色相不统一,只要色调一致,画面也能展现统一的配色效果。将色调相同的颜色组织在一起,能产生和谐、统一的视觉效果。

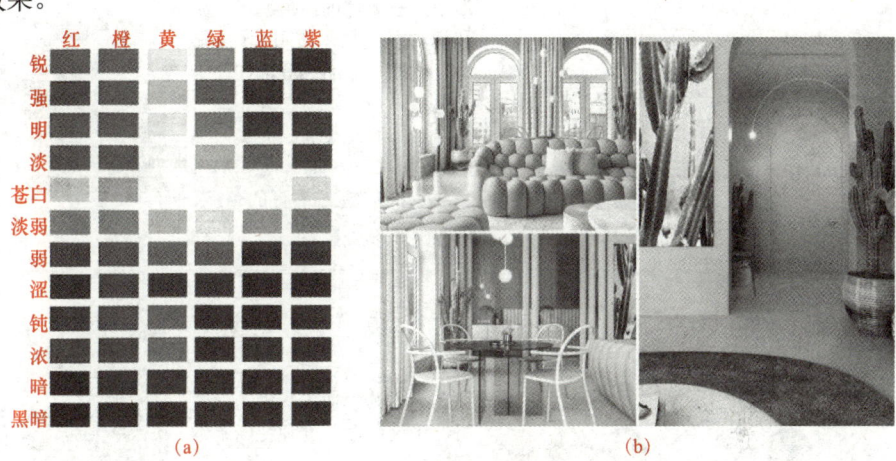

图 4-17 色彩的色调
(a) 色调的浓淡变化;(b) 纽约公寓设计

2. 空间设计中常用色调

空间设计中的常用色调有纯色调、明色调、淡色调、微浊色调、明浊色调、暗浊色调、浊色调、暗色调 8 种,再加上黑、白、灰色调来调和,详见表 4-1。

表 4-1 常用色调

序号	色调	色卡	说明	应用案例
1	纯色调		如右图案例中柠檬黄色高纯度且鲜艳,黄色中不混入黑色或白色形成混色,适合商业休闲空间。 优点:具有健康、积极、开放的视觉效果; 缺点:过于艳丽、刺激,对搭配比例要求很严,易出错	

续表

序号	色调	色卡	说明	应用案例
2	明色调		在纯色调中加入少量白色，明度纯度都降低一些。 优点：清爽、明朗，没有太强的个性主张； 缺点：运用不好会给人以没有深度、肤浅的印象	
3	淡色调		在纯色调中加入大量白色，形成接近无色的白色调，健康和活力感变弱，适用女性/婴幼儿空间、甜品店等，如马卡龙色系。 优点：表现柔和、甜美浪漫的空间； 缺点：最缺乏主张的色调，毫无视觉攻击力	
4	微浊色调		在纯色调中加入灰色，纯度略低于纯色，明度和纯度基本相同。 优点：保持了纯色的活力和浊色的自然、素雅； 缺点：有消极、封闭的属性	
5	明浊色调		比较淡的颜色加明度较高的灰色形成，位于淡色调和接近白色的灰色调之间，适合高品质、有内涵的空间。如明度较高时的莫兰迪色。 优点：有淡色的轻盈，也有浊色内向型的凝滞感，表现倦怠感； 缺点：有软弱、不可靠的属性	

续表

序号	色调	色卡	说明	应用案例
6	暗浊色调		在纯色调中加入深灰色（黑灰色多而白色少），降低纯度亮度。 优点：暗色的厚重与浊色的稳定形成沉稳的厚重感，强调自然与力量感； 缺点：有封锁、保守、内向的属性	
7	浊色调		在纯色调中加入灰色形成，居于明暗中轴线与高纯色之间，易于调和颜色。 优点：成熟厚重大气、不拘一格； 缺点：有严谨的属性	
8	暗色调		在纯色调中加入黑色形成，明度和纯度都很低，色调最深 优点：威严、厚重； 缺点：闭锁、压抑、不活泼	

【做一做】

从喜欢的颜色里提取色卡，并尝试进行不同色调的调和。

【思政元素融入达成素质目标】通过分析莫兰迪色在中式传统空间及服饰的应用，学生可以增强文化自信，并思考如何更好地传承传统美学，提高审美水平。

3. 色调搭配方法

单一色调会让人有单调乏味的感觉，上述多个案例的色彩都是多个色调统一组合而成的。通常，空间中的环境色是某一色调，主题色是某一色调，点缀色一般采用鲜艳、明亮的纯色调等，以形成自然、丰富的空间层次感。

将多种色调组合使用，可以表现复杂、微妙的感觉（图4-18和图4-19），在采用暗色调、明色调、明浊色调搭配时，明浊色调和暗色调的加入弱化了暗色调厚重、沉闷的感觉；采用暗色调、明色调、淡色调搭配时，在厚重、浓烈的暗色调中加入淡色调和明色调，既丰富了明度层次，也消除了沉闷感。

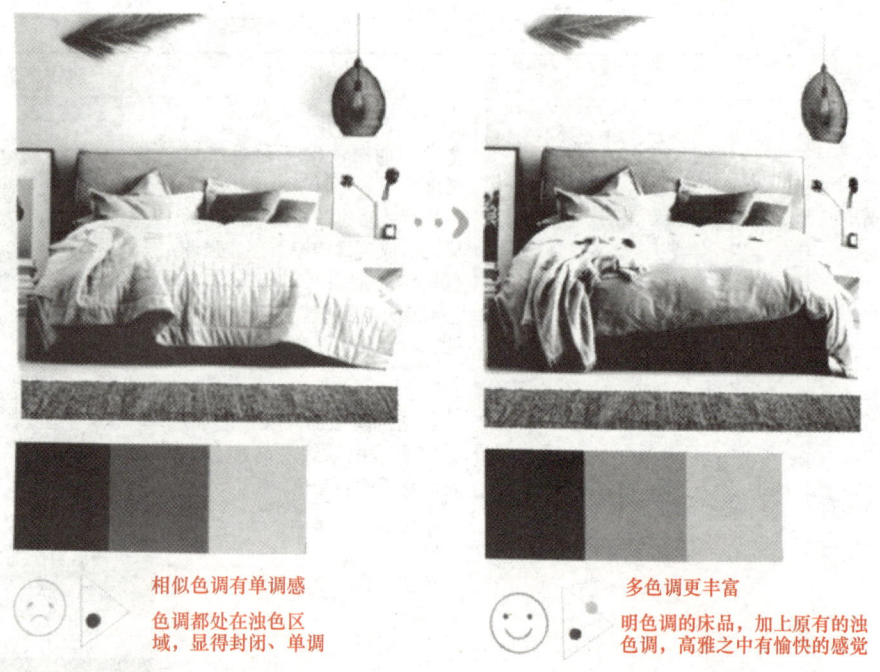

相似色调有单调感
色调都处在浊色区域，显得封闭、单调

多色调更丰富
明色调的床品，加上原有的浊色调，高雅之中有愉快的感觉

图 4-18　多色调应用示意（一）（《室内设计实战指南》羽番绘制）

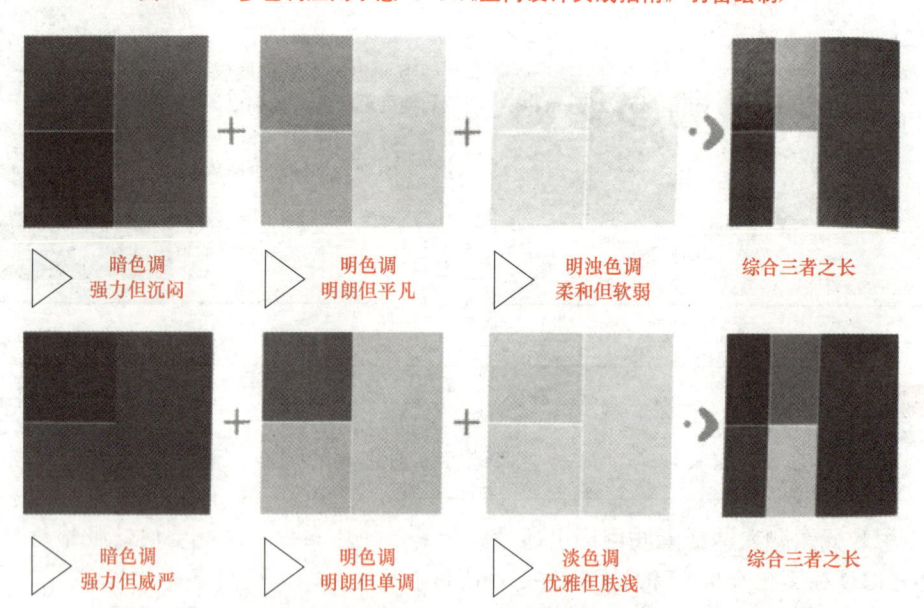

暗色调
强力但沉闷

明色调
明朗但平凡

明浊色调
柔和但软弱

综合三者之长

暗色调
强力但威严

明色调
明朗但单调

淡色调
优雅但肤浅

综合三者之长

图 4-19　多色调组合使用示意（二）（《室内设计实战指南》羽番绘制）

【想一想】

能对孤独症儿童进行疗养干预的儿童空间应采用何种色调搭配？

【思政元素融入达成素质目标】通过了解社会热点问题，学生可以思考如何通过空间设计缓解或尝试解决社会问题，从而增强社会责任感、职业使命感。

如图 4-20 所示，西班牙未来主义海岛别墅 Villa in Ibiza 组合采用了明色调、明浊色调、淡色调，环境色为淡色调，吧台椅和柱子的颜色为明浊色调，点缀的珊瑚红色为明色调，所有的色调保持在统一的明度范围内，整体氛围协调、柔和。

4. 色彩搭配的黄金法则

黄金配色比为 7 : 2.5 : 0.5（如 70% 环境基础色、25% 主题色、5% 点缀色）或 6 : 3 : 1（如顶棚墙地 60%、家具 30%、装饰品 10%）。它是建立在"三色原则"（一个空间的颜色不能超过三种）基础上的一条经典配色法则，是针对室内空间延伸的一种配色方法。图 4-21 所示为空间黄金配色比的案例分析。

图 4-20　西班牙未来主义海岛别墅 Villa in Ibiza（设计者：Reutov）

图 4-21　空间黄金配色比案例分析

【做一做】

仿照配色案例分析设计一个空间的黄金比配色方案。

4.1.3　空间色彩设计项目实践

1. 任务描述

详见空间色彩设计项目实践任务书。

2. 设计内容

对经小组讨论、构思后的空间色彩搭配方案进行深化和完善，完成三维模型（3D 模型/SU 模型等）中空间材质、色彩赋予。

3. 设计步骤

在经小组讨论、构思后的空间色彩搭配方案基础上对成员分工制作的各三维空间进行深化，构思细化每一个空间墙面、顶棚、地面、家居配饰等所用的材质和色彩，确定色彩的分布和面积，完成材质的色彩赋予，测试渲染效果。

4. 提交内容
（1）渲染测试图/效果图；
（2）空间色卡。

5. 提交文件效果参考
详见电子资源附件。

6. 评价考核标准
空间色彩设计任务评价考核标准见表4-2（仅供参考，可根据实际授课情况调整）。

表4-2　空间色彩设计任务评价考核标准

课题：空间色彩设计与选配		班级：			组别：				姓名：					
评价元素		评价主体												
		成果（60%）									过程（30%）		增值（10%）	
		自评（5%）		组间互评（5%）		组内互评（10%）		师评（20%）		企业评价（10%）	机评（10%）	师评（20%）	机评（10%）	师评	
														完成拓展任务（10分）	完善课堂任务（6分）
		线上	线下	线上	线下	线上	线下	线上	线下						
知识	了解色彩的基础及在空间当中的选配技巧										✓	✓			
	通过配色类型探究理解其背后的心理象征及文化内涵											✓			
技能	能针对室内空间的不同情况进行色彩提取	✓		✓				✓				✓			
	能够使用简单的色彩选配技巧将色彩搭配应用于室内设计，提高空间表现力	✓		✓				✓				✓		✓	✓
素质	培养学生的自学能力	✓		✓				✓				✓		✓	✓
	提升文化自信，激发学生对传统文化传承的责任	✓		✓				✓				✓		✓	✓
	审美能力、创新能力	✓		✓				✓				✓		✓	✓
得分															

4.2 室内装饰材料选配

4.2.1 室内空间常用材料

4.2.1.1 装饰材料选择方法论

当设计方案的效果敲定后,就要开始进行方案深化设计,根据设计效果着手准备选择合适的装饰材料。在选择材料的时候,应反复问自己以下几个问题。

1. 功能方面:它能满足功能需求吗?

如该造型的饰面材料是什么?能达到设计效果吗?饰面材料对基层板材性能有什么要求?做这种饰面材料时,空间环境是潮湿的还是干燥的?

2. 安全方面:它能满足安全需求吗?

如该空间对装饰材料有防火要求吗?应使用什么构造做法,才能避免出现质量问题?采用这样的板材厚度安全吗?质量有保障吗?

3. 成本方面:它能保证高性价比吗?

如同样的材料,用什么品牌性价比更高?同样的效果,用什么材料成本最低?同样的价格,有合适的替代材料吗?

通过这套方法论,可以根据不同的空间和构造需求找到合适的装饰材料,而不只是模仿其他项目的做法。

【思政元素融入达成素质目标】通过提出对设计的自我质疑,学生对诚信、节能环保经济产生思考,提升社会责任感、职业使命感。

4.2.1.2 室内装饰常用材料

1. 按空间功能分

(1) 基层板材。常用基层板材主要有胶合板、木工板、密度板、刨花板、欧松板、指接板、水泥板、硅酸钙板、玻镁板等,详见电子参考资源附件。

(2) 基层骨架。常用基层骨架材料主要有钢架隔墙、轻钢龙骨隔墙、木龙骨、烧结普通砖、石膏砌块、混凝土空心砌块、蒸压加气混凝土砌块(加气块)等,详见电子参考资源附件。

(3) 装饰顶棚。常用装饰顶棚材料有乳胶漆、石膏板/线、GRG特殊顶棚、软膜(弹力布)发光顶棚、透光云石(亚克力板)发光顶棚、透光石发光顶棚等,详见电子参考资源附件。

(4) 装饰地板。常用装饰地板材料有实木地板、强化地板、实木复合地板、竹木地板、防腐地板、软木地板、塑料地板、运动及抗静电地板等,详见电子参考资源附件。

(5) 门、五金件与门套。门的种类包括平开门、口袋门、推拉门、折叠门等,还有门拉手、门锁、开合构件等门五金件,详见电子参考资源附件。

(6) 给水排水电气管线。常用管线有金属管和塑料管,电线有绝缘导线和电缆,详见电子参考资源附件。

（7）防水材料。常用防水材料有防水涂料、防水卷材、堵漏材料、密封材料和其他防水材料，详见电子参考资源附件。

2. 按材料种类分

（1）胶粘材料。常用胶粘材料有白乳胶、免钉胶、瓷砖胶、发泡胶、植筋胶、云石胶、AB 胶、玻璃胶、勾缝剂等，详见电子参考资源附件。

（2）涂料。常用涂料有乳胶漆、艺术涂料、硅藻泥、黑板漆、木器漆、金属漆、真石漆等，详见电子参考资源附件。

（3）石材。常用石材有花岗石、大理石、玉石、砂岩、洞石、文化石、人造石材等，详见电子参考资源附件。

（4）木饰面。常用木饰面有薄木贴面板、常规木饰面、人造饰面板等，详见电子参考资源附件。

（5）金属。常用金属有不锈钢、金属铝板、蜂窝板、金属网格、古铜等，详见电子参考资源附件。

（6）玻璃。常用玻璃按种类分有六种功能性玻璃和九种装饰性玻璃。此外，还有三种应用广泛的新型玻璃，即调光玻璃、彩色夹胶玻璃、玻璃纤维制品。详见电子参考资源附件。

4.2.2 室内设计物料手册

4.2.2.1 室内设计物料表的作用

在设计人员和业主沟通中，为了沟通更顺畅，主材选择购买也更系统，满足效果和质量，兼顾预算，能有效避免一些问题的发生，可以采用撰写物料表的方法来查阅、管理物料。

根据物料手册来撰写各空间的物料表。可供查阅的物料手册可细分为顶棚、地毯、瓷砖、软硬包、玻璃、五金、金属、乳胶漆、石材、木材、壁纸、洁具、开关面板、灯具、防火板及其他物料。

4.2.2.2 室内设计物料手册样式

可供查阅物料的室内设计物料手册样式如图 4-22 所示。详细资源见电子资源附件。

图 4-22 室内设计物料手册样式

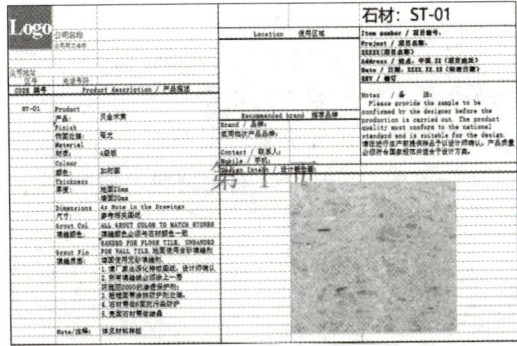

图4-22 室内设计物料手册样式（续）

4.2.3 室内设计物料选配实践

4.2.3.1 任务描述

任务1 室内设计案例物料分析

1．任务内容

仿照图4-23所示的样板间物料使用示意选取一个全屋空间（也可以是自己设计的效果图作品）进行物料分析。

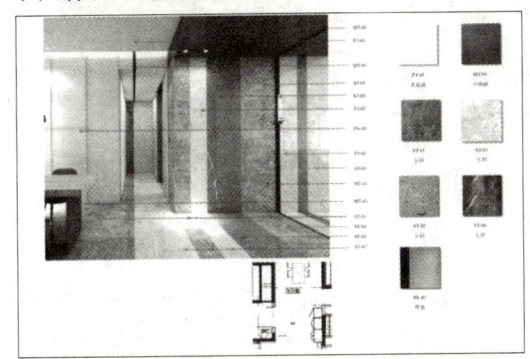

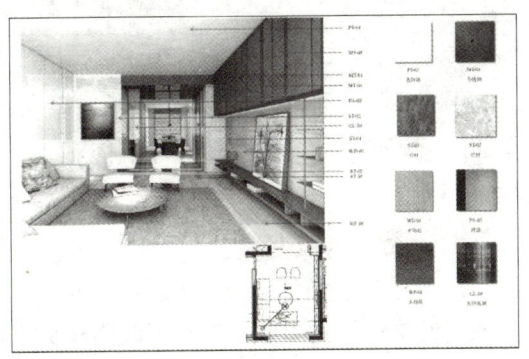

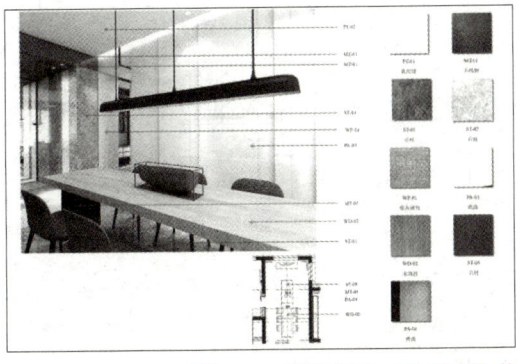

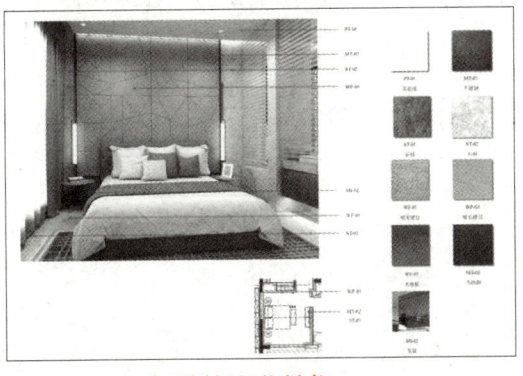

图4-23 【唐忠汉+CSCEC】首创天阅西山180户型样板间物料书

2. 提交文件及要求

使用 PPT 对所分析空间进行物料标注。不要求规范模板，主要考查学生资料收集、问题分析、资料整理归纳撰写的能力，并了解每个人对空间材料的掌握情况，以及对空间设计的独特感受和见解。最后，将分析报告提交至作业板块。

任务 2　室内设计项目物料表撰写

1. 任务内容

仿照图 4-24 所示的样板间主材物料表对自己正在进行的课程设计空间项目编撰物料表。

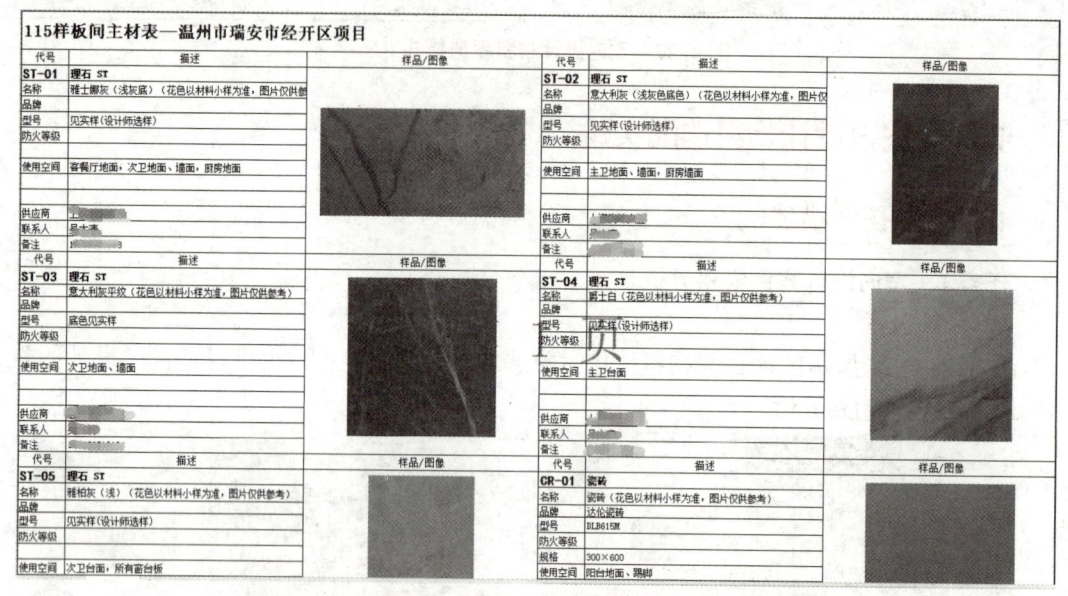

图 4-24　【曜年设计】朋克思潮现代轻奢样板房物料表

2. 提交文件及要求

参考物料表模板，使用 Excel 为本人（组）课程设计空间项目编撰物料表。主要考察大家对装饰材料的了解程度、对装饰建材市场的产品趋势的查阅收集能力、对新材料的自学能力、资料整理归纳撰写的能力，然后将物料表提交至作业板块。

4.2.3.2　评价考核标准

对任务 1 和任务 2 进行综合评价。装饰材料选配任务评价考核标准见表 4-3（仅供参考，可根据实际授课情况调整）。

表 4-3　装饰材料选配任务评价考核标准

课题：装饰材料选配		班级：				组别：				姓名：		
评价元素		评价主体										
		成果（60%）								过程（30%）	增值（10%）	
		自评（5%）		组间互评（5%）		组内互评（10%）		师评（20%）		企业评价（10%）	机评（10%）	师评（20%）	机评（10%）	师评	
		线上	线下	线上	线下	线上	线下	线上	线下					完成拓展任务（10分）	完善课堂任务（6分）
知识	了解新型装饰材料的品类和应用										✓	✓			
	掌握常用装饰材料的选配方法										✓	✓			
技能	能够根据空间风格和业主偏好，选用适宜、美观的材料，并完成物料表的编撰	✓		✓		✓		✓		✓		✓			
素质	发现、分析并解决问题的能力	✓		✓				✓				✓		✓	✓
	较强团队合作意识	✓		✓				✓				✓		✓	✓
	创新意识	✓		✓				✓				✓		✓	✓
	细致、全面的工作态度	✓		✓				✓				✓			
得分															

▎本模块小结▎

本模块主要介绍了有关色彩的基础知识及空间色彩搭配的手法，简单归纳了室内常用装饰材料，并通过空间色彩设计项目实践和室内设计物料选配实践来加强技能的训练，为今后的室内设计项目实操提供了理论知识积累和操作经验。

▎课后思考及拓展▎

1. 实操测试：色彩基础及空间色彩搭配测试；对色彩基础、各功能空间色彩设计等知识掌握程度进行检验。

2. 色彩提取训练：在网上（微博、百度图片、设计网站等）搜索自己喜欢的一张图片，使用 Photoshop 中的马赛克滤镜处理成色块，并将主要色块提取出来。作业要求：提交色彩源图、经 Photoshop 处理的色块图及配色色块图。

3. 空间设计案例装饰材料分析：请根据《梦想改造家》第九季第三期《山城江景房变空中农场》中出现的建筑装饰材料及施工工艺进行物料表的制作。根据视频案例，可采用截图形式，按照石材、木材、金属、塑料等材料分类进行物料分析，或者按照室内功能空间，如客厅、主卧、儿童房等空间进行物料分析，标注视频中出现的物料，并注明具体使用的名称，说明使用到的施工工艺等；可分析装饰材料的特性、优点、缺点，并可抒发自己的见解。你认为设计师的改造好在哪里？不好在哪里？是否还有需要改进之处？

模块 5　室内空间照明设计

学习情境

完成空间风格调性的打造之后，需要对整个空间进行光影和氛围的营造，照明设计应该如何开展呢？

课前思考

1. 照明设计就是选灯、装灯吗？
2. 你知道近年来非常流行的无主灯设计是什么吗？主灯设计又是什么呢？
3. 你们家的灯具是如何布置的呢？你觉得有什么不好用、不方便之处吗？

知识目标

1. 理解照明方式和种类。
2. 了解常用的灯具类型及选择。
3. 掌握住宅功能空间的照明设计方法要点。

能力目标

1. 能够辨识区分不同的建筑装饰风格对灯具造型、亮度的选择。
2. 能够根据住宅功能空间的需求进行合理的照明方案设计，并绘制对应的施工图及效果图。

素养目标

1. 通过照明作用的讲解，学生应树立健康、安全的照明环境意识。
2. 通过讲解照明设计的程序和建筑照明设计标准，学生应树立绿色、环保、节能的意识及规范意识，培养科学思维。

3. 通过照明设计方法技巧讲解和随堂快题，学生应思考如何在照明设计中体现节能、环保、经济的理念，培养绿色低碳观。

4. 通过空间照明设计项目任务实施，学生培养自主思考并能举一反三的能力、自主知识更新的意识和能力，以及精益求精的工匠精神。

思政元素

1. 树立健康、安全的照明环境意识。
2. 科学思维、规范意识。
3. 绿色、节能、环保、经济。

本模块重难点

1. 重点：室内照明基础知识、住宅空间室内照明设计的方法。
2. 难点：能够根据住宅功能空间的需求进行合理的照明方案设计，并绘制对应的施工图及效果图。

5.1 室内照明基础

5.1.1 室内照明的作用

室内照明是室内环境设计的重要组成部分，室内照明设计要有利于人的活动安全和舒适的生活。在人们的生活中，光不仅仅是室内照明的条件，而且是表达空间形态、营造环境气氛的基本元素。冈那·伯凯利兹说过："没有光就不存在空间。"光照的作用，对人的视觉功能极为重要。室内自然光或灯光照明设计在功能上要满足人们多种活动的需要，而且还要重视空间的照明效果。

1. 满足使用功能

为了能看清物体而提供基本照明，这是灯光最基本的作用。

2. 作为室内装饰的构成要素

作为装饰，与室内的其他家具、物件相互作用，是室内装饰的构成要素之一，如图 5-1 所示。

3. 衬托与点缀

灯具种类多种多样，风格各异，在灯具选择上，可以根据装修的风格选择相应的灯具，使室内整体风格更具特点。同时，灯具也可以作为装饰，用来点缀空间。

4. 渲染环境气氛

由于照明方式、灯具种类、光线的强弱、色彩、冷暖等的不同均可以明显地影响人们的空间感，利用光的变化及分布来创造各种视觉环境，以加强室内空间的气氛，以及表达出空间的用途和功能，如图 5-2 所示。

图 5-1　室内装饰构成要素——照明　　　　　图 5-2　照明渲染环境气氛

5. 保障身心健康

灯光的色彩感觉是重要的情感因素，灯光色彩也对视觉本身产生生理效应的影响。柔和的灯光能使人身心舒适，不同的灯光色彩对人产生不同的心理效应。比如，蓝色灯光在治疗失眠、降低血压中有明显的作用，但是长久在蓝色灯光环境里。人们也可能会心情低落。因此，在选择实际灯光时，我们不仅要创造出氛围，也要考虑使用者长久使用这种灯光的身心变化。

【思政元素融入达成素质目标】通过照明作用的讲解，学生应树立健康、安全的照明环境意识。

5.1.2　室内照明的种类

1. 正常照明

正常照明是指正常情况下使用的照明，为了看清事物及空间所需要的照明。

2. 事故照明

事故照明是指正常照明因故障中断时，供事故情况下继续工作或人员安全疏散的照明。

3. 警卫照明

警卫照明是指为改善对人员、财产、建筑物、材料和设备的保卫而采用的照明。

4. 值班照明

值班照明是指非工作时间为值班所设置的照明，宜利用正常照明中能单独控制的一部分或利用应急照明的一部分或全部。

5. 保障照明

保障照明是指在正常照明系统因电源发生故障，不再提供正常照明的情况下，供人员疏散、保障安全或继续工作的照明。其中，楼道中的消防应急照明灯就属于保障照明，如图 5-3 所示。

6. 装饰照明

装饰照明也称气氛照明，主要是通过一些色彩和动感上的变化，以及智能照明控制系统等，在有了基础照明的情况下，加一些照明来装饰，令环境增添气氛。装饰照明能产生很多种效果和气氛，给人带来不同的视觉上的享受。

7. 艺术照明

艺术照明是一种能触及、表现、感染的艺术形式，它不断变幻的身影为观众带来了震撼和遐想。它决定着画面的清晰度、色调和层次。在照明过程中，如果没有创造性的照明画面，就不可能产生具有艺术魅力的作品，如图5-4所示。

图5-3　保障照明 　　　　　　　　　　图5-4　艺术照明

5.1.3　室内照明的布局方式

室内照明按安装位置或功能形式不同，区分如下。

1. 一般照明

一般照明是不考虑局部的特殊需要，为照亮整个室内而采用的照明方式。一般照明由对称排列在顶棚上的若干照明灯具组成，室内可获得较好的亮度分布和照度均匀度，所采用的光源功率较大，而且有较高的照明效率。这种照明方式耗电大，布灯形式较呆板。一般照明方式适用于无固定工作区或工作区分布密度较大的房间，以及照度要求不高但又不会导致出现不能适应的眩光和不利光向的场所，如办公室、教室等。均匀布灯的一般照明，其灯具距离与高度的比值不宜超过所选用灯具的最大允许值，并且边缘灯具与墙的距离不宜大于灯间距的1/2，可参考有关的照明标准设置，如图5-5所示。

2. 局部照明

局部照明是为满足室内某些部位的特殊需要，在一定范围内设置照明灯具的照明方式。局部照明通常将照明灯具装设在靠近工作面的上方。局部照明方式在局部范围内以较小的光源功率获得较高的照度，同时也易于调整和改变光的方向。局部照明方式常用于下述场合，例如，局部需要有较高照度的，由于遮挡而使一般照明照射不到某些范围的，需要减小工作区内反射眩光的，为加强某方向光照以增强建筑物质感的。但在长时间持续工作的工作面上，若仅有局部照明容易引起视觉疲劳，如图5-6所示。

3. 混合照明

混合照明是由一般照明和局部照明组成的照明方式。混合照明是在一定的工作区内由一般照明和局部照明的配合起作用，保证应有的视觉工作条件。良好的混合照明方式可以做到：增加工作区的照度，减少工作面上的阴影和光斑，在垂直面和倾斜面上获得较高的照度，减少照明设施总功率，节约能源；混合照明方式的缺点是视野内亮度分布不匀，如图 5-7 所示。

4. 重点照明

重点照明也称装饰照明，是指定向照射空间的某一特殊物体或区域，以引起注意的照明方式。它通常被用于强调空间的特定部件或陈设，如建筑要素、构架、衣橱、收藏品、装饰品及艺术品、博物馆文物等，如图 5-8 所示。

图 5-5　一般照明

图 5-6　局部照明

图 5-7　混合照明

图 5-8　重点照明

5.1.4　室内照明的方式

按灯具通光量及安装方式分类，室内照明分为以下五种方式。

1. 直接照明方式

光线通过灯具射出，其中 90%～100% 的光通量到达假定的工作面上，这种照明方式称为直接照明方式。直接照明方式具有强烈的明暗对比，并能营造出有趣、生动的光影效果，可突出工作面在整个环境中的主导地位，但是由于亮度较高，应防止眩光的产生。除居家空间外，也常运用于需要足够明亮度的工厂或办公室这类大型商用空间，而为了改善眩光现象，通常会在灯具上加装格子状或条状的金属隔板。常见的有台灯、吸顶灯等，如图 5-9 所示。

2. 半直接照明方式

半直接照明方式是半透明材料制成的灯罩罩住光源上部，60%～90% 的光线使之集中射向工作面，10%～40% 被罩光线又经半透明灯罩扩散而向上漫射，光线比较柔和。这种灯具常用于较低房间的一般照明。由于漫射光线能照亮平顶，使房间顶部高度增加，因而能产生较高的空间感，如吊灯就属于半直接照明方式，如图 5-10 所示。

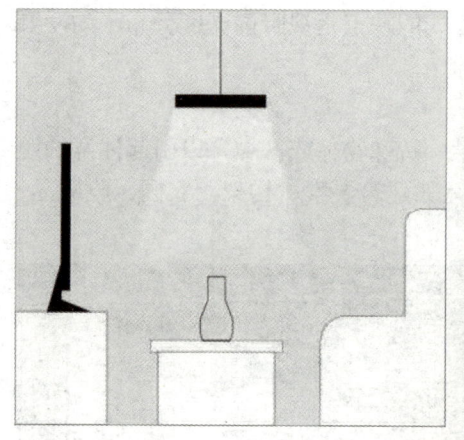

图 5-9 直接照明方式

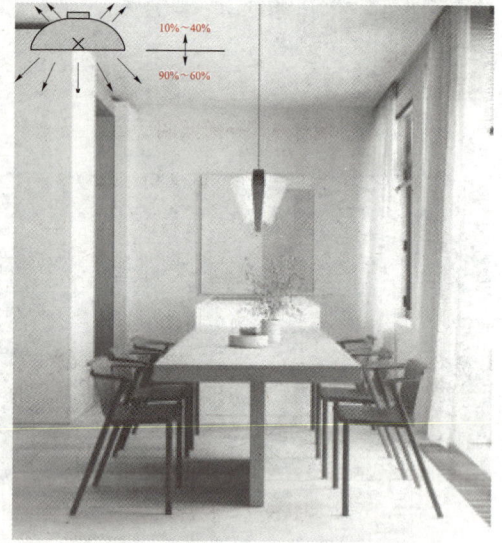

图 5-10 半直接照明方式

3. 间接照明方式

间接照明方式是将光源遮蔽而产生间接光的照明方式,不将光线直接照向被照射物,而是借由顶棚、墙面或地板的反射,制造出一种不刺激眼睛且较为柔和的照明氛围。其中,90%～100% 的光通量通过顶棚或墙面反射作用于工作面,10% 以下的光线则直接照射工作面。间接照明方式通常有两种处理方法:一种是将不透明的灯罩安装在灯泡的下部,光线射向平顶或其他物体上反射成间接光线;另一种是将灯泡设在灯槽内,光线从平顶反射到室内成间接光线。视觉上见光不见灯,因此,空间看起来更为利落、美观。由于间接照明是通过反射进行照明,散发出来的光相对柔和,可营造出令人放松的氛围,所以对于着重塑造氛围的空间,大多以间接照明来为空间氛围加分。

这种照明方式单独使用时,需要注意不透明灯罩下部的浓重阴影。间接照明方式通常与其他照明方式配合使用,才能取得特殊的艺术效果。在商场、服饰店、会议室等场所,间接照明一般作为环境照明使用或提高背景亮度,如图 5-11 所示。

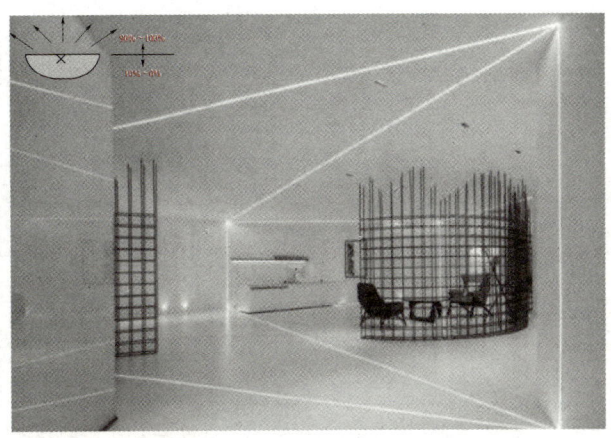

图 5-11　间接照明方式

4．半间接照明方式

间接照明可再细分出半间接照明。所谓半间接照明，就是将半透明灯罩装设在光源下方，此时 60% 以上光线会向上投射在顶棚，形成间接光源，再经过顶棚反射形成间接照明，10%～40% 的光线则会透过灯罩向下扩散。半间接照明的方式恰恰和半直接照明相反。这种方式能产生比较特殊的照明效果，使较低矮的房间有增高的感觉，也适用于住宅中的小空间部分，如门厅、过道等，如图 5-12 所示。

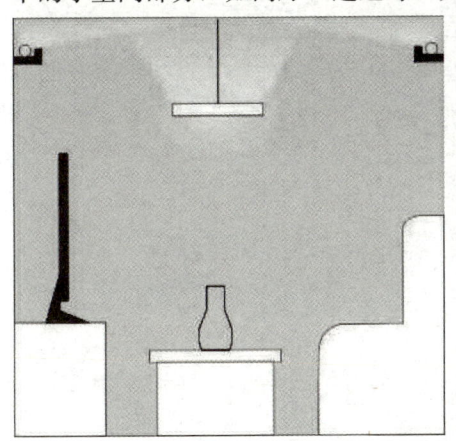

图 5-12　半间接照明方式

5．漫射照明方式

漫射照明方式，通常是利用半透明灯罩，如乳白色灯罩、磨砂玻璃罩，将光源全部罩住，让光线向四周扩散漫射至需要光源的平面。由于光线透过灯具产生折射效果，不易有眩光现象，而且光质柔和，视觉上会使人感到比较舒适。这种照明大体上有两种形式：一种是光线从灯罩上口射出经平顶反射，两侧从半透明灯罩扩散，下部从格栅扩散；另一种是用半透明灯罩把光线全部封闭而产生漫射。漫射照明虽然照明范围比较大，但因为光视效能较低，很适合用来营造空间气氛，因此适用于卧室、客厅等强调舒适、放松感的空间。若感觉亮度不足，人们通常会再以壁灯、落地灯等做亮度加强，如图 5-13 所示。另外，若想制造特殊的视觉效果，也可以采用漫射照明的方式，利用光线形成 360° 漫射来创造出独特、迷人的光影。

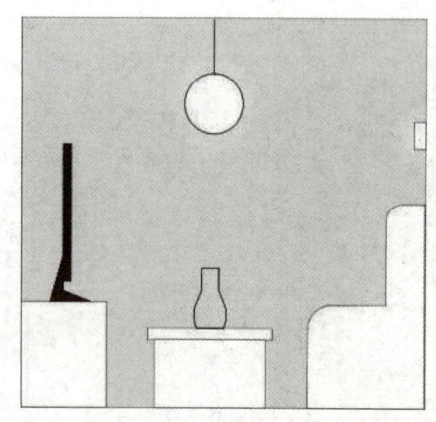

图 5-13　漫射照明方式

不同灯具的照明效果对比如图 5-14 所示。

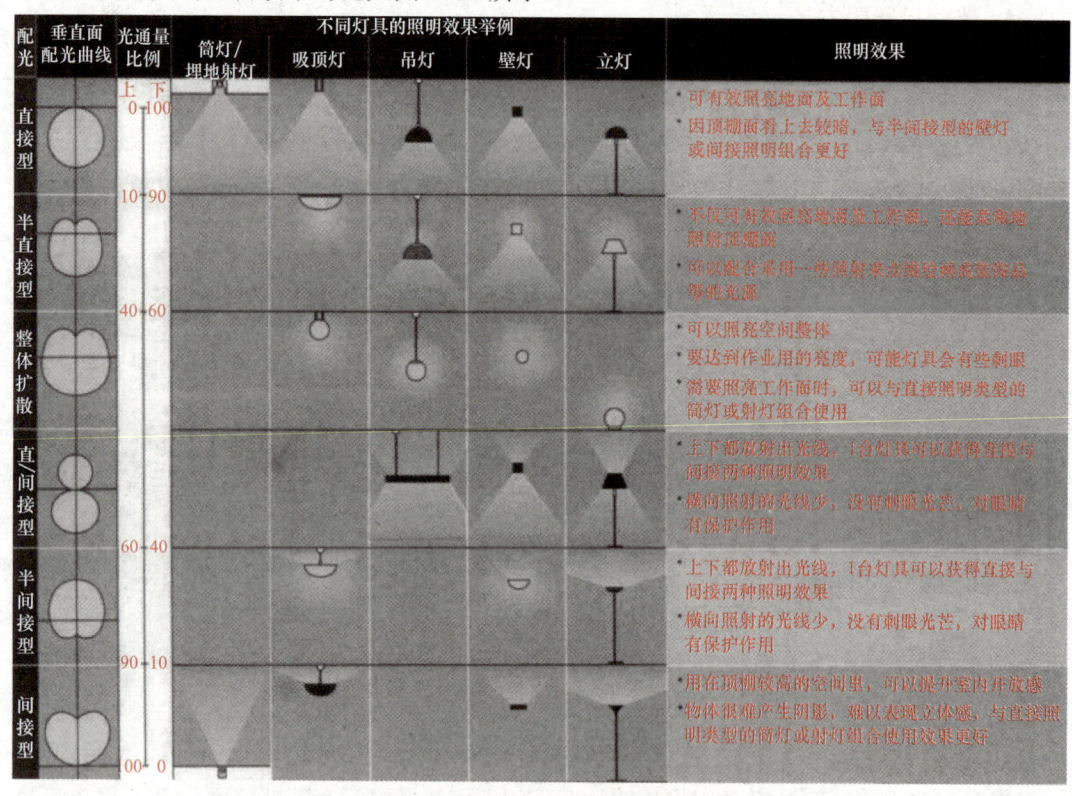

配光	垂直面配光曲线	光通量比例 上　下	不同灯具的照明效果举例					照明效果
			筒灯/埋地射灯	吸顶灯	吊灯	壁灯	立灯	
直接型		0・100						・可有效照亮地面及工作面 ・因顶棚面看上去较暗，与半间接型的壁灯或间接照明组合更好
半直接型		10・90						・不仅可有效照亮地面及工作面，还能柔和地照射顶棚面 ・可以组合采用一些强射采点强调装饰元素或营造氛围
整体扩散		40・60						・可以照亮空间整体 ・要达到作业用的亮度，可能灯具会有些刺眼 ・需要照亮工作面时，可以与直接照明类型的筒灯或射灯组合使用
直/间接型		60・40						・上下都放射出光线，1台灯具可以获得直接与间接两种照明效果 ・横向照射的光线少，没有刺眼光芒，对眼睛有保护作用
半间接型		90・10						・上下都放射出光线，1台灯具可以获得直接与间接两种照明效果 ・横向照射的光线少，没有刺眼光芒，对眼睛有保护作用
间接型		00・0						・用在顶棚较高的空间里，可以提升室内开放感 ・物体很难产生阴影，难以表现立体感，与直接照明类型的筒灯或射灯组合使用效果更好

图 5-14　不同灯具的照明效果对比

5.1.5　常用照明术语

表示光线的方式一般以亮度为多，但表示灯具本身的亮度指标和表示空间的亮度指标是不同的。表 5-1 总结了表示光线的相关用词。其中辉度这一单位不仅用于灯具，也用于表现空间的亮度。设计时常常用到光照度作为标准，但光照度仅仅指的是平面所拥有的亮度，实际上，从照射面反射回来的光线进入人们的眼睛，人们才会感到明亮。也就是说，人们感觉到的亮度受到平面的明度（反射系数）很大的影响，原本发黑的材料用照明照射也不会使它变得明亮。如果想让空间看上去更明亮，不是要增加更多的灯具，而是要采用明度较高的素材制作的灯具，这一点需要特别注意。

表 5-1　表示光线的相关用语

分类	用词	单位	读音	代表的意义
与灯泡相关用词	光通量	lm	流明	灯泡本身所具有的光通量
	光效	lm/W	流明/瓦	每消耗电力所通过的光通量，数值越高，越可以用较少的电力获得较高的亮度
	色温	K	开尔文	代表光色。数值越低光色越接近暖色，数值越高越接近白色，更高则近似蓝白色
	显色指数 Ra	—	—	表示物体的颜色看上去的好坏，以 100 为最高值。越接近 100，则表明颜色的再现性越高
与灯具相关用词	光度	cd	坎德拉	一定方向的光的强度
	辉度	cd/m²	坎德拉/平方米	代表光源或灯具时，是指从发光面进入人眼的光通量
	灯具效率	%	百分比	灯具本身发出的光通量占灯泡整体的光通量的比例。灯泡的光效越高，以及灯具的光效越高，越能用较少的能源获得较明亮的效果
	配光曲线	—	—	灯泡或者灯具发出光源的方式，通常代表向各个方向发出的光的强度（光度）
与空间相关用词	光照度	lx	勒克司	光照射面的单位面积的亮度
	辉度	cd/m²	坎德拉/平方米	从照射面反射到人眼的光通量，用来表示空间的亮度
	照明率	%	百分比	光源发出的光到达照射面的比例。其根据房屋形状或饰面的反射系数、灯具的配光等计算出来
其他	强光	—	—	灯泡或灯具发出的直射光或照射面发出的反射光线过强，使人感到刺眼的状态

选购对比灯具的时候，主要了解以下术语指标。

1. 光通量

光通量（Luminous flux）简单地说就是可见光的能量，是指单位时间内，由一光源所发射并被人眼感知的所有辐射能量的总和，又可以称为光束（φ），其单位为流明（lm）。

早期白炽灯和荧光灯大致可用瓦数值来判断亮度，瓦数越大代表所需电力越多，灯泡也就越亮。近年由于 LED 的发展，相同的亮度（流明值），白炽灯可能要耗掉 85 W 的电力，LED 却只要 12 W，所以用瓦数来判断灯泡亮度已经不符合需求，应根据包装上所标示的流明值来作为判断标准。在家居照明中，除主灯外，一般灯的光通量达到 500 lm 即可。

2. 色温

色温（Kelvin）是指光波在不同能量下，人眼所能感受的颜色变化，用来表示光源光色的尺度，单位是 K。在 2 800 K 时，发出的色光和灯泡相同，我们便说灯泡的色温是 2 800 K。可见光领域的色温变化，由低色温至高色温为橙红→白→蓝。日常生活中常见的自然光源，例如，清晨、正午到黄昏的太阳光色温各有所不同，而色温值决定灯泡产生的光线是温暖的还是冷调光线（图 5-15）。当色温值低时，光线通常会呈现橘色，给人以温暖的感觉；色温值高的光线会带点白色或蓝色，给人以清爽、明亮的感觉（图 5-16）。空间中不同色温的光线，会最直接地决定照明所带给人的感受。高色温光源照射下，如亮度不高就会给人们一种阴冷的感觉；在低色温光源的照射下，亮度过高则会给人们一种闷热的感觉。色温越低，色调越暖（偏红）；色温越高，色调越冷（偏蓝）。

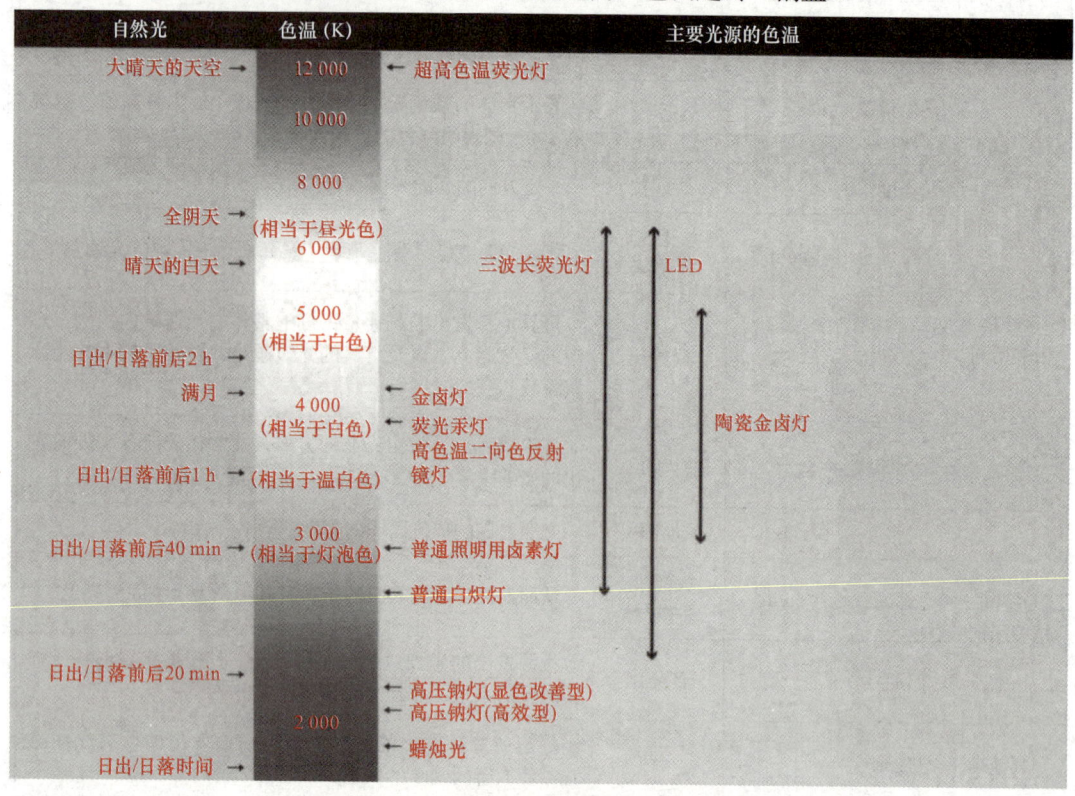

图 5-15 自然光与人造光的色温对照

图 5-16 不同色温带给人们的感受

3. 照度

照度（Iuminance）是指被照面单位面积上的光通量的流明数，是为确保工作时视觉安全和视觉功效所需要的指标。照度标准值按 0.5、1、3、5、10、15、20、30、50、75、100、150、200、300、500、750、1 000、1 500、2 000、3 000、5 000 分级，单位是 lx，1 lx = 1 lm/m^2，照度标准值分级以在主观效果上明显感觉到照度的最小变化，照度差大约为 1.5 倍，该分级与 CIE 国际发光照明委员会标准《室内工作场所照明》的分级大体一致。我们常会说阅读的桌面够不够亮，通常就是指照度够不够高。同样面积的情况下，光源的光通量越高，也就是流明值越高，照度就会越高。一般而言，若要求作业环境很明亮清晰的话，对照度的要求也越高。举例来说，书房整体空间的一般照明亮度约为 100 Lux，但阅读时的局部重点照明则需要照度至少到 600 Lux，因此，可选用台灯作为局部照明的灯具。

4．显色性

由于光源的种类不同，所看到的对象真实所呈现的颜色也会有所不同，所谓的显色性/演色性（Color Rendering）是指物体在光源下的感受与在太阳光下的感受的真实度。表示光源的显色性程度指数称为平均演显色性指数（Ra），最低为 0，最高为 100。

我们常可在灯泡外包装上看见显色性数值的标示，一般平均显色性指数达到 Ra80 以上，基本上都算是显色性佳的光源，如图 5-17 所示。

5．发光效率

发光效率/光效（Luminous Efficacy）是指光源每消耗 1 W 功率所输出的光通量，以光通量与消耗功率的比值来表示，其单位为 lm/W。发光效率越高代表其电能转换成光的效率越高，即发出相同光通量所消耗的电能越少，所以选用真正节能的灯泡，应该以发光效率数值来作为最后的判断标准。

图 5-17　显色指数高低效果对比

6．发光强度

发光强度（Luminous Intensity）表示光源在一定方向和范围内发出的人眼感知强弱的物理量，是指光源向某一方向在单位立体角内所发出的光通量，简称"光度"，以烛光为单位。

7．辉度

辉度（Luminance）是指每单位面积、每单位立体角，在某一方向上，自发光表面发射出的光通量，也就是指眼睛从某一方向所看到光源或物体反射光线的明亮强度。某一截面积的辉度值尼特（nit）= 发光强度 / 面积，单位为 cd/m^2。

8．眩光

眩光（Glare）就是让人感觉不舒服的照明，因视野内的亮度大幅超过眼睛所适应的范围，或是光源明暗对比过大，皆会导致干扰、不舒适或视力受损。眩光可分为以下三种。

（1）直接眩光：眼睛直视光源（灯具）所产生，光源的辉度大造成刺眼而令人感到不舒服，例如，光源集中且亮度高，所在位置在视线可以直视之处。

（2）反射眩光：即一般常见的反光，会使影像模糊化，容易造成眼睛疲劳，阅读吃力，甚至进一步造成眼睛酸痛及头痛的问题。

（3）背景眩光：是指非由直接光线或反射光线所造成的眩光，一般是来自背景环境的光源进入眼中过多，影响到正常视物能力。

可从以下几个方面改善环境中眩光的情况。

（1）善用灯具的设计，隐藏过度集中的光源，再利用灯具的反射将光源导出，如图 5-18 所示。

（2）利用半透性的灯罩材质，将过度集中的光源弱化并分散释出。

（3）使用格栅式的灯具，避免用眼睛直视光源。

（4）灯光投射方向，尽量垂直于人眼一般水平的视物方向。

图 5-18　通过灯具角度隐藏光源达到防眩

（5）阅读用的桌面与书本应避免选用容易反光的材质，从而减少反射眩光。

5.1.6　常用光源

照明的光源是室内设计中最需要细细考虑的设备，搭配光线设计得宜，可以让空间更舒适。20 世纪初，可以长时间发光的钨丝灯诞生了，并经过改良成为卤素灯，又升级成现在广泛使用的荧光灯，而近年来以节能为特色之一的 LED 灯更得到普及。未来，照明科技将有更多创新，点亮人们的多元化生活。

1. 白炽灯

白炽灯俗称电灯泡或钨丝灯（图 5-19），要先将电能转化成热能才能发光，其中仅有 10%～20% 的热能会转化成光能，其余皆为无用的热能，消耗了不少能源，耗电量高。白炽灯由灯丝、外玻璃壳、防止灯丝氧化的惰性气体与灯头所组成。通过将钨丝通电的方式，加热至 2 300 K 以上时灯丝便会开始发光。

2. 卤素灯

卤素灯也属白炽灯的一种，是白炽灯的改良型产品，如图 5-20 所示。发光效率与寿命都比较高，内有微量的卤素气体，通过气体的循环作用，可减轻白炽灯光束衰减和末期玻璃泡内部的黑化现象。卤素杯灯将光源与杯灯相结合，杯灯内镀上反射膜，将卤素灯的可见光线从前方送出，产生聚光灯的效果。同时，易产生的高温红外线则穿过反射膜发散出来，从而减少热辐射直接照射于人体或物体上。

图 5-19　白炽灯

图 5-20　卤素灯

3. 荧光灯

荧光灯也称日光灯，如图 5-21 所示，属于放电灯的一种，通常在玻璃管中充满有利放电的氩气和极少量的水银，并在玻璃管内壁上涂有荧光物质作为发光材料及决定光色，在管的两端有用钨丝制作的二螺旋或三螺旋钨丝圈电极，在电极上涂敷有发射电子的物质。荧光粉决定了所发出光线的色温，不同比例的荧光粉可制成不同光色。一般而言，白光的发光效率会大于黄光。由于荧光灯不是点光源，虽然聚焦效果低于卤素灯和 LED 灯，但它适用来表现柔和的重点照明，非常适合用作一般的环境照明。

4. LED 灯

LED 灯（Light Emitting Diode，发光二极管）是一种半导体元件（图 5-22），其利用高科技将电能转化为光能，光源本身发热量小，是属于冷光源的一种，其中 80% 的电能可转化为可见光。LED 灯为固态发光的一种，不含水银与其他有毒物质，不怕震动，也不易碎，是相当环保的光源产品。LED 灯会因为二极晶圆制造过程中所添加的金属元素不同和成分比例不同，而发出不同颜色的光，也因为其体积小、辉度高，早期常用来作为指示用照明。近年来，由于 LED 灯的效率和亮度不断提高，并具有的寿命长、安全性高、发光效率高（低功率）、色彩丰富、驱动与调控弹性高、体积小、环保等特点，故其在一般照明市场广泛普及，并在日常生活中无处不在。

图 5-21　荧光灯　　　　图 5-22　LED 灯

5. HID

HID（High-intensity Discharge Lamp，高强度气体放电灯）包含了下列这些种类的电灯：水银灯、金属卤化灯、高压钠灯、低压钠灯、高压水银灯，经由气体、金属蒸气或几种气体和蒸气的混合而放电的光体。高强度气体放电通常应用在大面积区域且需要高品质、高辉度的光线时，或针对能源效率、光源密度等特殊要求，包括体育馆、大面积的公共区域、仓库、电影院、户外活动区域、道路、停车场等，也常被应用在车头灯照明。虽然 HID 可以释放出高强度光源，但也有启动慢、显色性不足等缺点。

5.1.7　常用灯具选择

照明灯具种类繁多，它可以装设于空间中的不同平面，如顶棚、墙面或地板等，并用不同的方式照亮空间。此外，其又可以分成移动型和不可移动型、调整型和不可调整型等，了解照明灯具的特征与功能，并搭配空间的使用功能，选择主要照明设备和搭配辅助照明设备，就能配置出合理的照明情境。住宅主要使用的灯具在室内的位置和应用如图 5-23 所示。

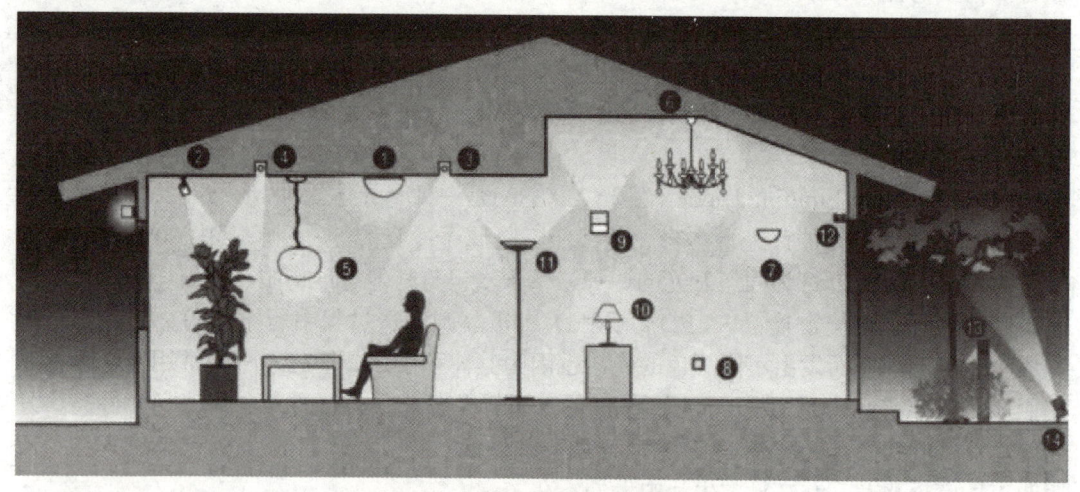

图 5-23　灯具在室内的位置和应用

【搜一搜】

根据室内照明方式，在灯具市场、电商平台等渠道上寻找一个单头半直接照明灯具及一个多头半间接照明灯具，说明该灯具的品牌，并提供照片及相关技术指标。

5.2　室内照明设计实践准备

5.2.1　室内照明设计的原则与程序

1. 室内照明设计的原则

（1）功能性。
（2）美观性。
（3）经济性。
（4）安全性。

2. 室内照明设计的程序

（1）明确照明设施的用途目的。确定照明的用途、性质、目的，才能清楚灯光设计要符合的功能和所想打造出的氛围。

（2）确定适当照度。

表 5-2 所示为《建筑照明设计标准》(GB/T 50034—2024) 中明确的住宅建筑的照明标准值。

表 5-2　住宅建筑照明标准值

房间或场所		参考平面及其高度	照度标准值 /lx	显色指数 Ra
起居室	一般活动	0.75 m 水平面	100	80
	书写、阅读		300*	
卧室	一般活动	0.75 m 水平面	75	80
	床头、阅读		200*	
餐厅		0.75 m 餐桌面	150	80
厨房	一般活动	0.75 m 水平面	100	80
	操作台	台面	300*	
卫生间	一般活动	0.75 m 水平面	100	80
	化妆台	台面	300*	90
走廊、楼梯间		地面	100	60
电梯前厅		地面	75	60

注：* 指混合照明照度

（3）保证照明质量。在选择灯具时首先应该选择正规厂家生产的灯具，或者选择大品牌的灯具，这样相对而言更能保证照明质量。其次，要考虑灯具的性价比、使用寿命、使用时间。最后，根据照明使用位置和功能，确保解决照明眩光、阴影控制等问题，以免出现光线过强或不足的问题。

（4）选择光源。根据光源的特性，选择合适的光源。

（5）选择照明方式。在室内装饰设计中，对灯光效果要求很高，灯光效果对装饰效果起着很大的作用，因此，在设计过程中应先确定照度要求，再确定照明方式。

（6）选择照明灯具。照明灯具的作用已经不仅仅局限于照明，也是家居的眼睛，更多的时候它起到的是装饰作用。因此，照明灯具的选择就要更加复杂，它不仅涉及安全省电，而且会涉及材质、种类、风格品位等诸多因素。

照明灯具的品种很多，如吊灯、吸顶灯、台灯、落地灯、壁灯、射灯等。因此，选择灯具时，不能只考虑灯具的外形和价格，还要考虑光线不刺眼、经过安全处理、清澈柔和。应按照居住者的职业、偏好、习惯进行选配，并考虑家具陈设、墙壁色彩等因素。照明灯具的大小与空间的比例有很密切的关系。选购时，应考虑实用性和摆放效果，方能达到空间的整体性和协调感。

灯具从功能上看主要分为装饰性灯具和技术性灯具，灯具选择要点参见表 5-3。

（7）灯具布置。灯具的布置位置可以通过以下两个方式进行确定：①按照装修施工图来确定，射灯、吊灯、吸顶灯、壁灯等的位置按图纸标注的位置确定；②台灯、落地灯的位置可以通过使用的位置确定或作为装饰品按照构图进行确定。

（8）便于维护维修施工。灯具要便于安装和维护，灯具使用寿命虽然一般都较长，但是要注意由于短路等原因引起的灯具损坏，更换要方便。

表 5-3　灯具选择要点参考

检查项目	装饰性灯具	技术性灯具
1. 质量 /kg	灯具质量过重时，需要在安装时加底层增加强度	
2. 形状、大小 /mm	除外形外，选择吸顶灯或落地灯时要配合房间的大小，选择吊灯时要配合餐桌的大小	筒灯的口径与离开顶棚的高度都影响到施工
3. 材料、颜色	（1）材料与颜色的穿透性也影响到灯具看上去的印象和配光（光线照射方式） （2）即使形状一样，也能选择不同的材料或颜色	用射灯突出照射对象时，要选择没有穿透性的材料；需要用灯光做点缀时，要选择有一定穿透性的材料
4. 适用灯泡接口、耗电量	（1）选用产品目录上没有的灯泡时，即使接口一样最好也和厂家确认一下 （2）灯具价格中包含灯泡价格的荧光灯或 LED 灯，型号不同其光色也不同 （3）不含灯泡价格的灯具，选用带反射镜的灯泡时，可以指定灯源的照射幅度	
5. 光色、色温 /K	（1）住宅中使用的光色一般是白色或灯泡色，但有些产品是用色温来表示光色的 （2）LED 灯中的灯泡色的色温范围在 2 700～3 200 K，要想选用同等光色的灯具，尽量选择色温在同一数值的灯具	
6. 显色指数（Ra）	显色指数（Ra）是物体被照射时人看到的亮度，最高值为 100，住宅里要尽量选用指数高的，至少要达到 80 以上	
7. 光源寿命	（1）传统光源的寿命一般写在产品目录后面的灯泡一览表中 （2）对于 LED 灯，可以参考光通量维持率（占初期光通量的比例），一般 70% 比较合适	
8. 配光数据、直射水平平面、光照度图	吸顶灯一般标注的是用于多大面积的房间，但带造型的灯具没有标注配光数据，要通过材料或规格图确认光线如何照射，最准确的还是去样板间看实物	（1）产品目录中只有直射水平面的光照度等简单的数据，计算照明时应该下载配光数据 （2）即使同样的灯泡标注同样的瓦数，也会因为厂家或型号不同而不同，要通过比较选用效率高的灯具。同时，根据国家建筑照明标准和业主对各空间的照度要求，绘制光明度图（不同照度空间采用不同颜色的标注填充）
9. 设置条件	（1）根据使用环境（室内还是室外）选择合适的灯具 （2）在室外使用时，可选项有防水滴型（房檐下使用）、防雨型、防湿型（浴室用）、防浸型、水中照明型等，根据浸水程度不同灯具的保护等级也不同，要分别选用 （3）在使用保温材料的地方，有时需要选用保温施工专用筒灯，至于能否施工，确认规格图 （4）筒灯或射灯等，照射限度要参照发光部分到达射对象物体的最小距离	
10. 有无调光	（1）白炽灯通过与调光开关组合使用可以调光 （2）灯泡型的荧光灯不能调光（虽然有适用于调光灯具的灯泡，但只能点亮不能调光） （3）荧光灯泡要想调光需要专用的镇流器和配套的调光开关 （4）低瓦数卤素灯泡与调光用筒灯及配套的调光开关组合可以调光 （5）LED 灯分为可调光与不可调光两种类型，可以找到可调光的型号 （6）LED 灯有配套的调光开关，请选用厂家推荐产品或找调光器厂家确认	

【思政元素融入达成素质目标】通过讲解照明设计的程序和建筑照明设计标准，学生可以树立绿色、环保、节能的意识以及规范意识并培养科学思维。

5.2.2　居住空间室内照明布光方法

家居照明方式一般根据需要分设一般照明、局部照明和重点照明，可以根据空间的实际情况组合运用。通常，这三种照明方式的亮度分配有黄金比例——1∶3∶5。

按主光、辅光、装饰光的顺序进行光线布置。

（1）主光：又称直接光或基础光，一般为一般照明。这种光线主要体现在客厅、餐厅、卧房等的顶棚中央用来照亮全室。光线的强弱、大小可根据客户的喜好和设计功能来决定，如吊灯、吸顶灯等。

（2）辅光：一般针对主光线形成的暗部，进行局部照亮，以补强光线，如台灯、落地灯等。

（3）装饰光：在主灯的光照下，在吊顶、饰品柜内、墙面的某个角落和转角处，随意设置小灯，也能产生意想不到的效果，如灯带、壁灯、轨道照亮灯、射灯等。

【想一想】

一室一灯的空间只有一个照明层次，该如何解决照明问题呢？你觉得可以采用哪些方案？

1. 玄关/走廊照明设计

玄关要求光线明亮；走廊要求光线柔美。人在玄关处逗留的时间虽然不长，但进行的动作都需要有均匀、明亮的光线。顶棚可选用适合整体照亮的嵌入式节能灯，光线平均而充分。在玄关柜悬空的部分，若感觉光线受到遮挡，可设灯带补充照明。玄关镜也设置灯带，让光线垂直投向脸部，避免脸部阴影和色差（图5-24）。

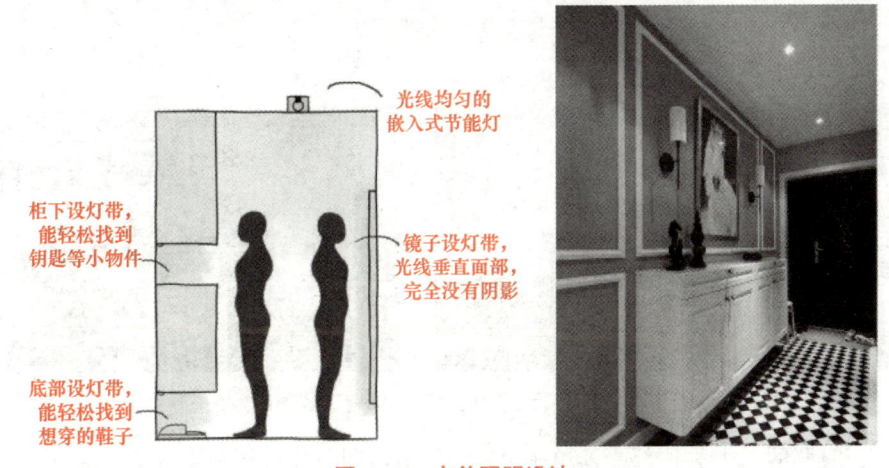

图5-24 玄关照明设计

2. 客餐厅照明设计

客餐厅是家庭活动中心、接待会客的复合功能空间。如采用一室一灯的做法，空间所有物品和角落都处于一个照明层次，很平淡，且无法达到使客厅明亮且营造出一个宁静、高雅环境的效果。

建议一室多灯、多灯分散，将一般照明、局部照明和重点装饰照明相结合，使空间的立体感更为明显，可以按照用途来选择照明器具的开关方式，如图5-25所示。

一室一灯的解决办法之一是可以采用主灯设计、多灯组合搭配照明，可以让空间明暗有序、主次分明，形成视觉上的延伸感，还可以营造出家居的光影氛围，使整个空间更有层次感、更加舒适，如图 5-26 所示。图 5-27 所示是客餐厅日常使用不同情境下的照明效果。

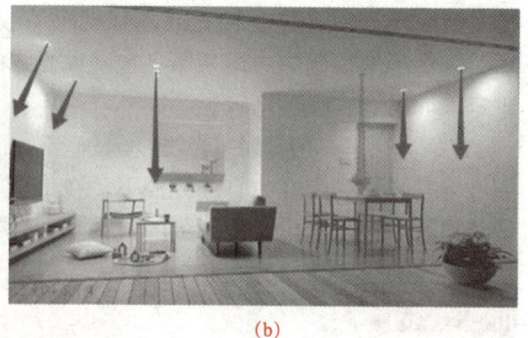

(a)　(b)

图 5-25　客餐厅照明设计对比
(a) 一室一灯；(b) 多灯分散

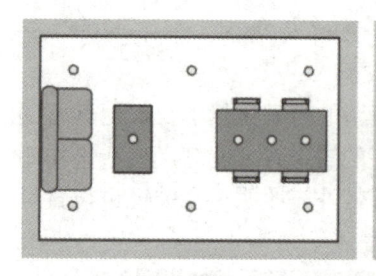

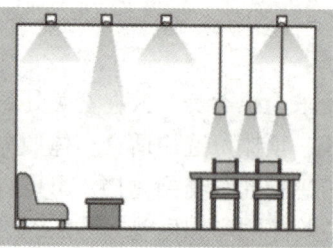

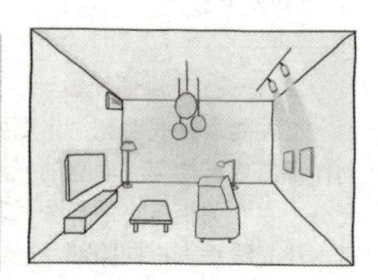

图 5-26　主灯照明

图 5-27　客餐厅日常使用不同情境下的照明效果

（1）一般照明：中央顶部一盏单头/多头的吊灯和吸顶灯作为主体灯。

（2）局部重点装饰照明：台灯、地灯、壁灯、小型射灯和发光灯槽、嵌入式筒灯等多种组合照明方式。搭配使用直射光和漫射光。局部照明可以利用落地灯、台灯等，达到使用和点缀的效果。看电视和阅读时仅打开落地灯，既不刺眼，又使环境显得宁静而优雅。墙上挂有横幅字画的，可以在字画上面安装大小合适的壁灯或射灯。

（3）考虑灯光照射位置和范围，光照层次以及不同光、混合光区的光照效果。

（4）餐厅照明以突出餐桌表面为目的，光线明亮但不刺眼，光色偏暖。

（5）餐桌上方可采用半直接照明方式，选择显色性好的向下照射的灯具，安装在餐桌上方，距离餐具 600～1 000 mm。较长餐桌可以用多盏灯、多个开关。

（6）可以增加重点装饰照明，如壁灯、画框灯、酒柜筒灯等。

> 【想一想】
>
> 近几年流行的无主灯设计与主灯设计有什么区别？

3. 厨房照明设计

厨房可以是独立封闭式的，也可以是开放社交式的，既需要进行精细的操作任务，又要避免油烟污染。厨房空间照明特征是明亮、光线均匀、不留暗区死角、照明（开关）易操作。

厨房照明主要由三类构成：厨房的整体照明、料理台的局部照明及收纳的局部照明，如图5-28所示。

厨房应采用白色灯光，过暖或过冷都会影响对食材的判断。厨房中央仍需要一盏灯用于厨房整体的照明，作为基础照明，可选择白炽灯或荧光灯或LED面板灯，同时还要注意顶灯与厨房吊顶的匹配程度。尤其对集成吊顶而言，在注重灯与顶面集成性的同时，还要注意灯具更换的难易程度；在料理台和水槽的上方增加焦点光，安装LED射灯用于局部和重点照明，光源的亮度较高，但光线柔和，如图5-29所示。厨房的收纳区域，如存储柜如果比较深，则应增加轮廓光补充照明，安装灯带便于取放物件。如果是开放式厨房，可以选用可调角度的窄光束角射灯照亮料理台，这样就能更加灵活地调节光线，如图5-30所示。

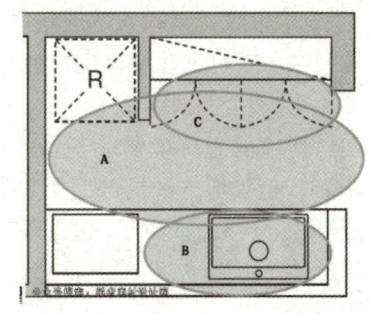

图 5-28 厨房照明设计思路
A—厨房整体照明；B—料理台局部照明；
C—收纳局部照明

图 5-29 厨房局部和重点照明

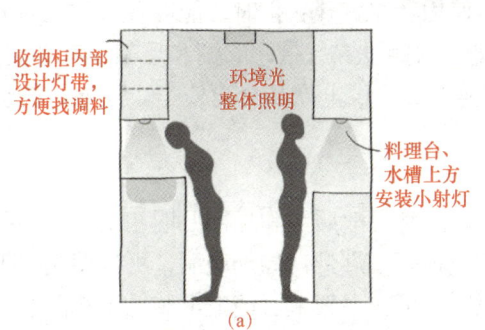

图 5-30 厨房照明设计
(a) 封闭式厨房；(b) 开放式厨房

> 【做一做】
>
> 　　尝试做家居餐厅照明方案快题设计，并用简单草图完成设计意图，选择好灯具品牌及电光源种类。

【思政元素融入达成素质目标】通过照明设计方法技巧讲解和随堂快题，学生思考如何在照明设计中体现节能、环保、经济的理念，培养绿色低碳观。

4. 卧室照明设计

卧室的光环境要求安静、柔和、温馨，照明大致分为三部分：整体照明、枕边局部照明和衣柜等地方的局部照明，如图 5-31 所示。

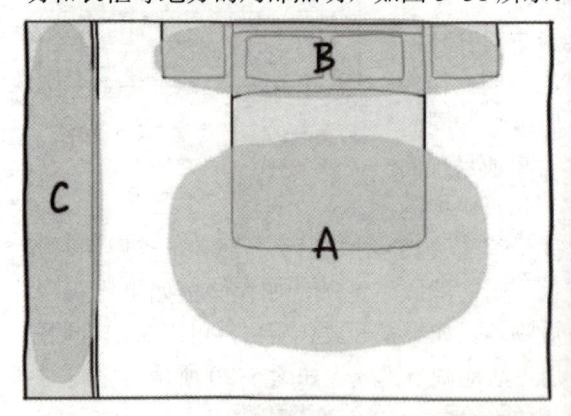

图 5-31　卧室照明设计
A—整体照明；B—枕边局部照明；C—衣柜等地方的局部照明

（1）整体照明灯具可以安装在卧室中央（床尾的顶棚上），避开躺下时会让光线直接进入视线的位置。可以选用扩散光型的吸顶灯或造型吊灯，用以照亮整个卧室。布置柔和灯带抬高顶棚，并通过漫反射的间接照明为整个空间进行光照辅助，整体让人感觉很舒适。

（2）枕边局部照明是为了让人在床上进行睡前活动和起夜方便设置的，同时降低室内光线明暗反差。可以在距离地面大约 1.8 m 的床两端的墙壁上安装不占空间的壁灯。不装壁灯，设置床头柜台灯或落地灯也可以。

（3）衣柜等地方的局部照明是为了方便使用者在打开衣柜时，能够看清衣柜内部的情况。衣帽间需要均匀、无色差的环境灯。镜子两侧设置灯带，衣橱和层架应有补充照明。选用发热较少的 LED 产品，甚至是自带电池的交流供电产品会更安全。此外，梳妆台镜面上方可设置漫射性乳白玻璃罩壁灯。

5. 书房照明设计

书房光线既要明亮又要柔和，避免眩光，应将一般照明和局部照明相结合，还可以增加装饰照明；一般照明，可选用光线柔和的吸顶灯、灯带；局部照明，可选用光线集中的灯具，减弱光线明暗对比，如台灯；装饰照明，可在书架上、墙上、装饰工艺品边上设置射灯（图 5-32）。

图 5-32 书房照明设计

6. 卫浴照明设计

卫浴光线要求明亮、柔和，均匀地照亮整个空间，可选择吸顶灯或设置发光顶棚，选择暖光源。灯具应选用防水型，浴缸上方采用灯带取代传统的直射吸顶灯，营造均匀、柔和的光线，避免中央光源对眼睛的影响。在镜前区增加镜前照明，光源应均匀地打到人的脸上，避免出现打出脸部阴影的情况。镜柜下方放置洗浴用品的位置，若感觉灯光过暗，同样可以增设辅助灯带。另外，设置灯具时还要注意沐浴时不会将人影映在窗户上（图 5-33）。

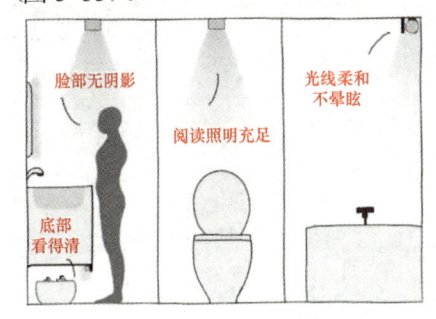

图 5-33 卫浴照明设计

5.3 空间照明设计项目实践

5.3.1 任务描述

1. 设计内容

对经小组讨论、构思后的全空间照明设计方案进行深化和完善，完成三维模型（3D 模型/SU 模型等）中的布光和渲染测试。

2. 设计步骤

通过小组组内讨论、构思，小组成员分工，将所设计项目中的所有空间/区域进行照明设计，拟定全空间照明设计方案。完成设计方案后，按小组分工完善 CAD 施工图中的顶棚布置图、灯具尺寸图及开关布置图，以及3D效果图中的布光和渲染测试。

3．提交内容

（1）顶棚布置图、灯具尺寸图、开关布置图的深化图纸；

（2）渲染测试图/效果图。

4．提交文件效果参考

提交文件效果参考详见电子资源附件。

5.3.2 评价考核标准

空间照明设计项目实践任务评价考核标准见表5-4（仅供参考，可根据实际授课情况调整）。

表 5-4　空间照明设计项目实践任务评价考核标准

| 课题：空间照明设计 | | 班级： | | 组别： | | | | 姓名： | | | | | |

	评价元素	评价主体											
		成果（60%）									过程（30%）		增值（10%）	
		自评（5%）		组间互评（5%）		组内互评（10%）		师评（20%）		企业评价（10%）	机评（10%）	师评（20%）	机评（10%）	师评	
		线上	线下	线上	线下	线上	线下	线上	线下					完成拓展任务（10分）	完善课堂任务（6分）
知识	了解照明设计质量控制									√		√			
	熟悉灯具选用的要点原则										√	√			
	掌握照明设计的流程方式									√		√			
技能	能根据客户需求分析出空间的布光方式和选用灯具	√		√		√		√		√		√			
	能根据客户需求选择照明方式，并进行全屋照明设计	√		√		√		√		√		√	√		
素质	发现、分析并解决问题的能力	√		√				√				√	√	√	√
	较强的团队合作意识	√		√				√				√	√	√	√
	细致、全面的工作态度	√		√				√				√	√	√	√
	得分														

本模块小结

本模块主要介绍了有关照明设计的基础知识，包括室内照明的作用、室内照明的种类、室内照明的布局方式、室内照明的方式、室内照明设计的原则，室内照明设计的程序和住宅照明设计，为今后的学习提供理论基础和实际可操作的经验。

课后思考及拓展

1. 课外调研：通过到不同类型的建筑空间及灯具市场进行实地参观调研，学生了解了灯具的种类、风格、价格，将参观调研过程心得发帖或分享至朋友圈。

2. 实操测试：对照明的作用、室内照明的布局方式、室内照明的方式、照明设计的原则等知识进行掌握程度的检验。

3. 灯具装饰风格辨析：将不同风格的灯具图片分类汇总，确定其各为哪种装饰风格，有什么特点，适合装在什么位置。

模块 6　室内软装设计落地

学习情境

硬装方面的设计完成之后,需要进行家具、家电、饰品等软装的设计和布置。请问,整个软装设计是如何落地的呢?

课前思考

1. 你对软装的了解程度是什么样的?
2. 如果从事软装设计岗位,你认为需要具备什么知识技能?

知识目标

1. 了解软装设计思路和原则。
2. 了解软装全案设计落地工作流程。
3. 掌握软装全案设计落地系统方法。

能力目标

能够通过制作相应思维导图来梳理沟通阶段、准备阶段、概念设计阶段、深化设计阶段及摆场阶段的工作流程及方法。

素养目标

1. 通过介绍分析软装全案设计落地工作流程,学生可以树立统筹规划意识、规范意识,培养科学思维。
2. 通过分析讲解素材管理方法,学生可以培养科学思维,形成正确、合理、系统的方法论思考方式。

3. 通过讲解软装报价清单的编制方法和案例分析，学生可以形成规范意识、法律意识，并培养诚信经营的观念。

4. 通过随堂快题，学生可以培养自主思考并能举一反三的能力、自主知识更新的意识和能力。

思政元素

1. 科学思维、规范意识、统筹规划意识。
2. 法律意识、诚信经营。

本模块重难点

1. 重点：软装全案设计落地系统方法。
2. 难点：通过制作相应思维导图来梳理沟通阶段、准备阶段、概念设计阶段、深化设计阶段及摆场阶段的工作流程及方法。

6.1 软装全案设计落地工作流程

6.1.1 软装设计思路及原则

6.1.1.1 软装设计作用

软装设计主要是依据居室空间的大小、风格、顾客生活习惯等情况，通过对软装饰品、家具等的选择凸显空间的个性品位，从而呈现丰富而统一的视觉盛宴。相对于基础装修的一次性特点，软装可更新、替换不同的元素，如不同季节可以更换不同色系不同风格的窗帘、沙发套、床罩、挂毯、挂画和绿植等元素。

6.1.1.2 软装设计思路

1. 定位生活方式

人们所追求的家具不仅是满足视觉的美观，还是一种品质生活的获取方式，合理搭配家具饰品等软装元素，才能全面满足居住者物质与精神层面的需求。详细了解居住者及家人的兴趣爱好、生活习惯等信息，并从其崇尚的生活方式入手，结合风格、色彩等，为其营造独一无二的生活空间，才是进行软装配饰的根本出发点。

2. 合理布局空间

空间布局无疑是进行软装的必要前提，因为不同空间功能的需求不同，必须有适合的软装配饰。软装在空间布局方面如果运用得当，不仅可以解决许多貌似不能改变的东西，还能最大限度地合理利用并美化空间。

3. 确定风格

好的软装搭配不仅舒适、实用，更能体现出主人的性格爱好。由于每个人的喜好不同，喜好的风格也不同。

4. 科学搭配色彩

对于需要长期生活于此的居室陈设而言，软装色彩搭配很重要，尤其是沙发，会直接影响人的感官和情绪。现代家具选择运用多种色彩，合理进行搭配，不仅可以带来舒心的视觉感受，对提高生活质量具有十分重要的作用。在进行色彩搭配时，要注意色彩的搭配平衡、明暗对比、色彩面积的比例调节等。

5. 点缀个性品

软装饰品的装点思路可以根据点、线、面三大构成要素方式来点缀空间，起到强烈的聚焦效果，成为视觉中心。在选择饰品时，一定要根据空间整体风格和房主的兴趣爱好来考虑，只有这样才能达到烘托环境氛围、强化空间风格、突出居室个性品位的目的。

6. 巧妙营造光线

随着人们对高品质生活的精神追求，巧妙利用光线营造氛围已成为软装设计中的重要环节，光影也有"空间魔术师"的美誉。

6.1.1.3 软装设计原则

1. 从整体设计出发

软装设计是一个整体概念，不等于客厅、卧室、书房、厨卫陈设的简单相加。如同做硬装讲究整体设计一样，做软装更需要整体设计。例如，客厅的沙发会影响主卧的一个床头柜，门口的玄关可以和客厅的窗帘相呼应。软装的每一个区域、每一种产品都是整体环境的有机组成部分。整体化的软装设计，会在功能空间利用、单品最佳搭配上，达到专业化的极致效果，为主人带来更高的居家生活质量。软装、硬装要同步整合思考，否则很可能导致硬装的"壳"限制了软装的"核"，无法达到最理想的装饰效果。

2. 家具陈设是核心，以实用功能为前提

家具在室内占地面积，通常可达到30%～45%。家具是整体家居装饰中，最为重要的一部分。其中最主要的大件家具，如沙发、床、餐桌、书柜的风格特色、尺寸造型，也将决定整体家居装饰的基本调性、空间结构。因此，选择软装产品应先选家具，再选灯饰、布艺、装饰画、装饰毯等，整体搭配协调。器物的陈设要讲究技巧，不能随性而为，毫无章法。平面布局上要注意疏密相间，立面布置则要有对比、有照应。

室内陈设的根本目的是创造一个美好舒适的生活环境，所有的布置都应该合理适用，才能满足全家人的生活需求。对于家具、灯具、装饰品等，都要在符合空间使用要求的基础上选择。每个房间的使用要求和布局基调不同，但都应该视全部空间为一体。平衡所有房间的功能，不需要有相近功能的设置。

3. 平衡色调，搭配至上，风格样式保持一致

在选择室内陈设时，应该遵循在风格样式上保持协调一致的原则。室内装饰、器物陈设、色调搭配、装饰手法等，都要围绕统一的原则进行。家居软装的色调要讲究平衡，同一空间中不宜出现三种以上的颜色，且还要遵循深、中、浅的原则。软装产品因材质类别、工艺复杂程度等不同，选购软装产品应以突出重点、搭配最佳为原则。在保证所需质量和工艺水准的前提下，突出重点，平衡色调，展现个性与品位。

6.1.2 软装全案设计落地的工作流程

软装全案设计的工作流程，从前期的沟通到最后整个项目的完成，主要经过八个环节，具体如图6-1所示。

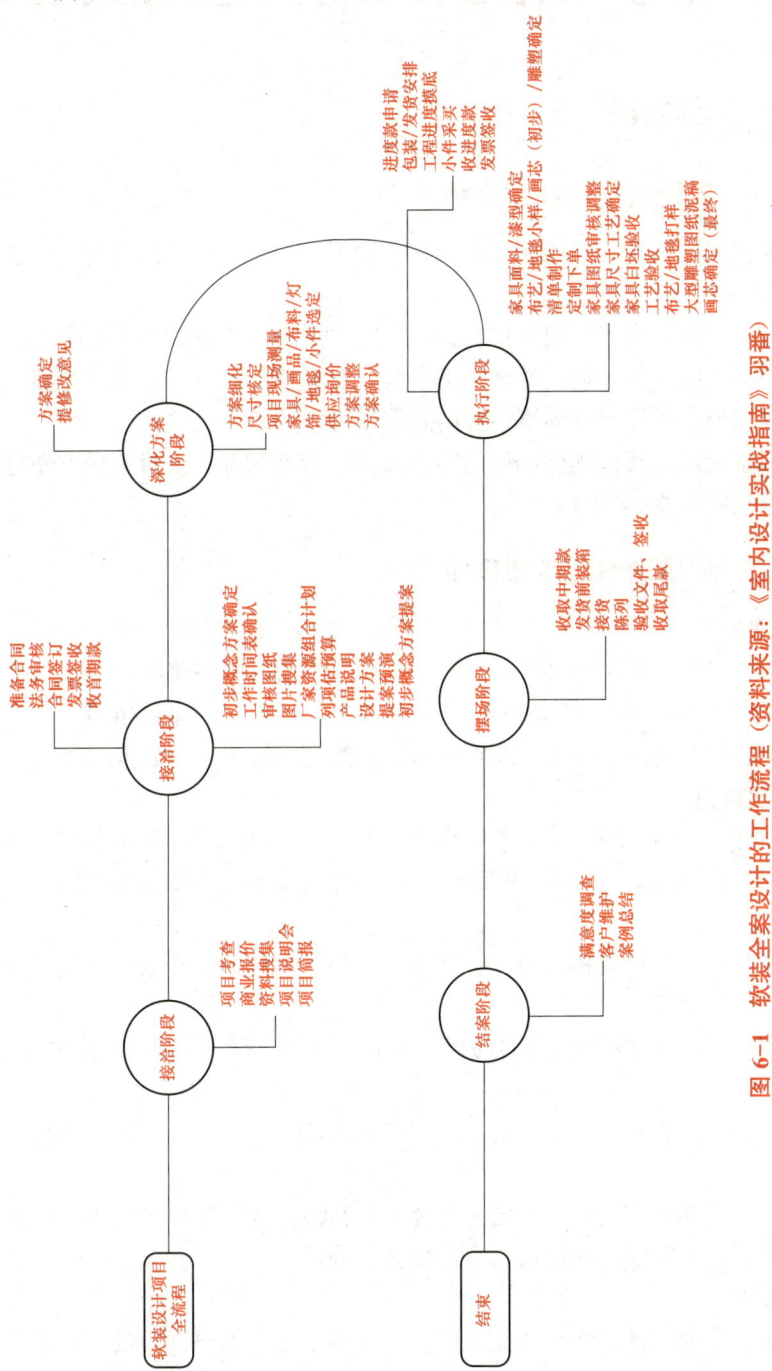

图6-1 软装全案设计的工作流程（资料来源：《室内设计实战指南》羽香）

【思政元素融入达成素质目标】通过介绍分析软装全案设计落地工作流程，学生树立统筹规划意识、规范意识，培养科学思维。

6.2 软装全案设计落地系统方法

6.2.1 沟通阶段

6.2.1.1 现场勘察的注意事项

（1）了解实际情况：包括房屋详细尺寸数据、房屋本身物理情况、硬装条件、感受空间尺度。

（2）与客户实地交流：与客户在实际空间中讨论，能更好地了解需求。

（3）初步系统预算：通过对现场的了解，有经验的设计师在交流之后，应能够大概估算出达到客户要求需要多少预算，在商务洽谈时做到心中有数。

（4）观察周边环境：观察小区的出入情况、交通情况、上货是否方便等可能会对后期摆场产生影响的因素。

6.2.1.2 现场勘察的步骤程序

1．首次勘察

（1）熟悉户型图：可由客户、小区物业提供或通过网络获取。

（2）工具准备与首次勘察内容：与硬装量房工具、方法流程相同。

（3）了解物业情况：了解物业对房屋装修的具体规定，如装修时间规定等。

2．二次勘察

二次勘察是在有了初步方案之后进行复核，设计师带着基本的构思框架到现场，反复考量，对细部进行纠正，核实产品尺寸，反复感受现场的合理性，主要涉及以下内容。

（1）家具：需要现场核实高度、宽度，看柜子、沙发能否放得进去，按照人体工程学预留的空间是否合理。

（2）窗帘：需要核对窗帘的高度、宽度，窗帘盒的深度、宽度与设计的尺寸是否匹配。

（3）挂画：需要知道立面墙的宽度、高度，墙上装饰等，以及是否会妨碍墙内预埋的管线。

（4）灯：需要知道硬装的完成面高度、顶棚的宽度与灯饰的尺寸是否合理。

（5）地毯：方案中的地毯尺寸在现场是否合理。

3．注意事项

（1）软装中的测量是在硬装完成后进行数据采集，如果硬装没有完成，在完成之后还需要再勘察一遍。

（2）二手房改造，除了常规的测量项目，在拆除原有设施重新进行硬装之后，再进行勘察时，要特别注意原有的家具、灯具、挂画等是否要保留，如果要留用，注意测量其尺寸和拍照。

（3）注意门洞尺寸，方案中的家具能不能进入现场也需要考虑。

4. 软装现场勘察报告

现场勘察需要注意的问题及收集到信息可形成软装现场勘察报告（表6-1）。

表 6-1　软装现场勘察报告

序号	类型	项目名称	数量	说明	备注
1	概况信息	总平面		需收集总平面图	
2		卸货位置		需确认卸货地面位置、地下室位置、车辆限高信息	
3		搬货运距		需确认搬货运距	
4		上货方式		需确认上货方式	
5		电梯尺寸		确认电梯尺寸及个数	
6		垃圾堆放处		确认垃圾堆放位置	
7		吃饭地点		确认吃饭有多少位置	
8		车站交通状况		是否有公交车站、路况如何	
9		住宿		住宿地远近	
10	物业管理	出入证		是否办理出入证	
11		垃圾清理费用		是否需要垃圾清理费用及押金	
12		公关费用		是否需要公关费用	
13	固定家具	电视柜		有/无	
14		茶几		有/无	
15		鞋柜		有/无	
16		衣柜		有/无	
17		床		有/无	
18		床头柜		有/无	
19	电器	冰箱		有无冰箱插座	
20		洗衣机		是否增加或更换水龙头，确定尺寸并记录	
21		抽油烟机		是否需要吊顶开孔、增加止回阀、增加排插	
22		电视		是否需要壁挂	
23		热水器		安装位置是否需要增加排插	
24		空调		是否增加支架、铜管、空调孔（室内机及室外机位置）	
25		灯具		是否需要更改吸顶灯位置	

续表

序号	类型	项目名称	数量	说明	备注
26	其他	晾衣架		实际尺寸是否具备晾衣架安装条件	
27		窗帘		是否有窗帘盒	
28		毛巾架		是否有毛巾架	
29		镜子		是否有镜子	
30		纸巾盒		是否有纸巾盒	
31		卫生间窗		是否具备安装百叶帘条件	
32		电吹风		是否有条件安装	
33	硬装部分	色彩		拍照	
34		造型		拍照	
35		材质		拍照	
36		电路		是否需要电路改造	
备注					

6.2.1.3 高效科学沟通

1. 需求分析初期

与硬装谈单一样，初步与客户沟通时，以开放式的提问为主，主要收集的信息涉及以下几个方面：

（1）家庭结构和常住人口。了解空间使用的人员、未来家庭结构是否会产生变化，明确谁是决策者（关系到方案的偏向及重点说服对象），了解客户的经济收入、楼盘位置、硬装定位等，以判断客户偏好。

（2）生活方式。包括客户性格（以便做针对性沟通）、家庭成员的生活喜好、生活习惯（帮助形成动线设计）。

（3）功能需求。空间各功能空间的布置需求，包括门厅、客厅、餐厅、卧室、书房、兴趣空间等。

（4）家居调性。比如，氛围的偏好、色系的偏好等。

2. 科学分析方法

高效、科学地分析客户可以借助一些便利的工具，如通过一份客户需求问卷实现，见表6-2。

表 6-2 客户需求问卷

Part 1 基础信息							
客户姓名		联系方式		楼盘名称		房屋户型	
建筑面积		装修状况		楼盘地址			
交房时间		预计入住时间		预计方案沟通时间		特殊需求	
过往装修次数		过往家居风格		合作或了解过的公司			
过往对软装印象深刻的事情							
Q1	您的住宅使用倾向是什么?						
□提升生活品质 □度假 □养老 □会所 □投资 □婚房 □其他 _____							
Q2	哪些词可以用来形容您的梦想之家?						
□奢华 □时尚 □文艺 □温馨舒适 □轻松浪漫 □乡村质朴 □异国风情 □怀旧 □禅意 □雅致 □与众不同 □其他 _____							
Part 2 风格定向及材质定向							
Q3	您想用哪些软装造型、材质来装饰新屋?						
造型	□直线 □曲线 □纤细 □厚重						
皮革	□亚光 □高光						
布艺	□丝 □绵 □绒 □麻						
木料等	□藤 □竹 □开放漆饰面 □封闭漆饰面						
金属	□铜制 □铁艺 □不锈钢 □铝合金						
其他	□玻璃 □水晶 □亚克力 □石材 □其他 _____						
饰品	□陶瓷、玉器 □玻璃、水晶 □木制品 □不锈钢 □金属类 □树脂 □收藏品 □古玩 □其他 _____						
画品	□风景 □景物 □人物 □抽象 □禅意 □其他 _____						

【想一想】

软装沟通阶段客户需求分析与硬装阶段的客户需求分析的异同是什么?

6.2.2 准备阶段

6.2.2.1 软装方案高效美观的方法

1. 参照模范样式进行练习

熟悉模范样式,即一些固定风格和大师作品。等掌握熟悉之后,再进一步研究混搭。

2. 用设计和管理工具提高效率

（1）建立常用素材图库。在软装方案制作环节，合理利用模板可以大幅减少方案的制作时间。素材可以通过日常积累建立高频图库、灵感图库和产品图库，并借助第三方工具寻找和管理。

（2）建立设计流程。学会有效地统筹工作，并逐渐把自己的设计流程化，如图6-2所示。

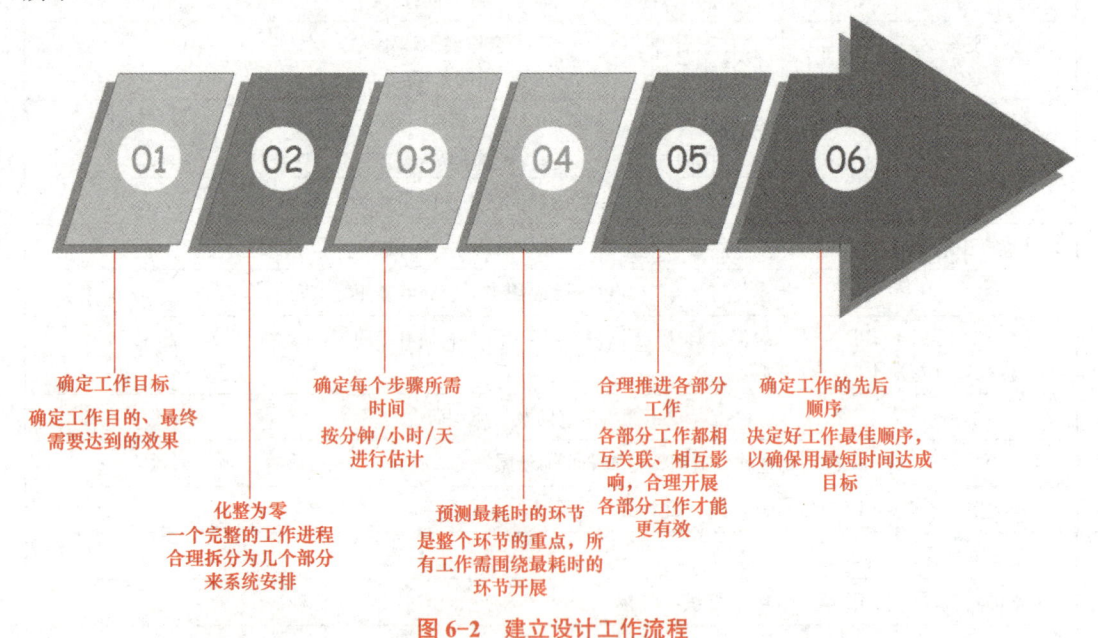

01 确定工作目标 确定工作目的、最终需要达到的效果

02 化整为零 一个完整的工作进程合理拆分为几个部分来系统安排

03 确定每个步骤所需时间 按分钟/小时/天进行估计

04 预测最耗时的环节 是整个环节的重点，所有工作需围绕最耗时的环节开展

05 合理推进各部分工作 各部分工作都相互关联、相互影响，合理开展各部分工作才能更有效

06 确定工作的先后顺序 决定好工作最佳顺序，以确保用最短时间达成目标

图 6-2　建立设计工作流程

（3）建立模块工具。模块工具是工作流程中具体板块使用的表单。将某一项工作模块化、常态化、不重复、不遗漏是提高设计工作效率的好方法，如软装现场勘察报告、客户需求问卷及设计流程等。

（4）建立软件工具包。设计师要想提高自己的工作效率，就要结合自己的工作流程和场景，建立自己专属的工具包，如图片编辑工具、格式转换工具、PDF编辑工具、素材收集工具或网站、素材管理软件（Eagle）、方案排版软件等。

6.2.2.2　素材管理方法

（1）找素材之前的注意事项。在行动之前先想清楚，不要盲目开始。

1）确定主题。主题构思不完整，会存在很多矛盾和问题，很多细节没有考虑清楚，如果一边做一边改，会导致局部频繁换方案，素材也要跟着换，效率很低。

2）打牢基础，持续学习。设计功底偏弱的话，基础知识并未完全掌握，找素材的时候察觉不了问题，用起来总觉得不是很合适。因此，要经常用绘图等工具练习方案，从简单的做起，逐渐提高自己的设计水平。

（2）找素材的技巧方法。

1）以目标为导向。在找素材的过程中，要从始至终谨记目标。

①根据方案需要的素材找，不要陷入某一类的素材里，影响整体进度。

②分清主次，将大部分时间花在找重要的素材上。
③设置一个时间期限，在限定的时间内完成工作，先完成，再完善。
④学会"断舍离"，素材太多了反而耽误时间，找准几张，够用就好。

2）善用关键词。由于搜索结果很大程度上取决于所使用的关键词，因此，在关键词的运用上要灵活一点。

①不断优化关键词，一开始不知道用什么关键词的时候，先用不确定的关键词搜索，然后在结果中查找新的线索，不断试错、优化，提高关键词的精度。

②联想关键词。

3）以图搜图、批量下载。

（3）积累素材方法。

1）建立高频图库。高频图是工作时会频繁用到的一些素材，主要包括版面参考图、客户画像图、氛围意向图、材质图、色彩图、场景图、产品图等，可以针对每个类别进行针对性的积累。

2）建立灵感图库。灵感图是对工作有启示的优秀作品。要围绕工作性质来精选收藏，如设计师的业务中售楼处的项目比较多，那就以收藏售楼处的优秀案例为主。接下来思考一下业务的层级和类型，如售楼处项目的客群类型，围绕客群的类型再扩展收藏符合其偏好的优秀案例，不限于售楼处，不限于室内空间，可以是这类客群喜欢的任何产品。注意素材必须打上标签，以防止忘记。建立素材库的重点是不要盲目收藏，应选择与自己业务对口的，有目的地精选、优选。

（4）素材管理方法。

1）整理文件夹。要养成结构化管理文件夹这一良好的工作习惯，会明显提升效率。

2）借助第三方工具 Eagle。Eagle 是一款专门为设计师量身打造的文件管理工具，可以利用它在计算机本地建立一个属于自己的图片灵感库或文件素材库。

【思政元素融入达成素质目标】通过分析讲解素材管理方法，学生可以培养科学思维，形成正确合理系统的方法论思考方式。

6.2.3 概念设计阶段

6.2.3.1 概念设计的步骤和文件组成

概念设计的用途主要是确认客户的设计意图并根据客户意向进行初步创意来打动客户，促成项目顺利签单。

1. 概念设计的步骤

概念设计是经过项目分析和素材整合以后，对于项目软装设计方向的初步呈现，即分析项目→收集素材→形成概念设计文件。素材整合是指把收集的家具、元素、色彩等素材图片经过裁剪、抠图等处理在 Photoshop、CorelDRAW、Microsoft PowerPoint 等软件中排版成为一份完整的汇报文件。优秀的方案排版，要图文并茂，要有环环相扣的逻辑，帮助设计师表达设计想法和思路。选择高级感的 PPT 版面的要点是风格统一、有统一的色系元素；有高清、无噪点、无变形，与主题协调、色调协调的图片素材；版面布局要有视觉重心；选择合适的字体，类型不要过多。

2. 概念设计文件的组成

一套完整的概念设计文件主要由以下几个部分组成，如图 6-3 所示，软装概念设计方案文件参考如图 6-4 所示。

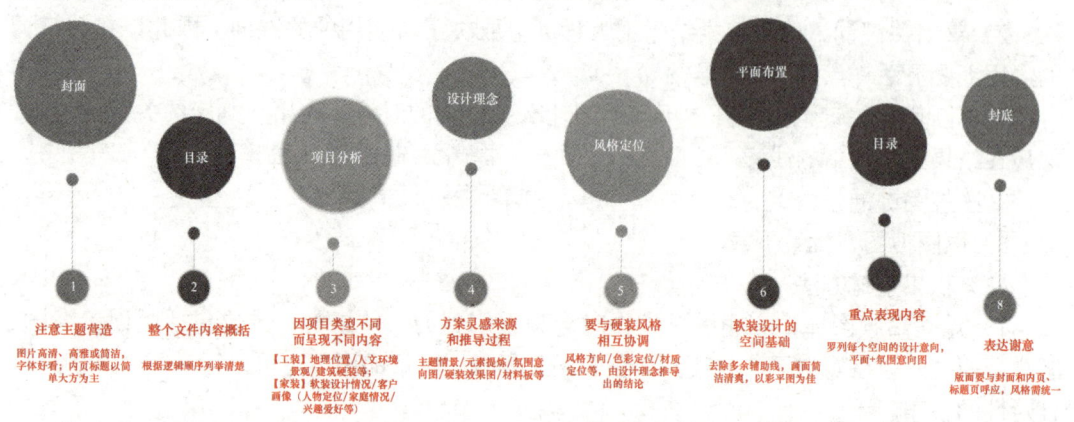

图 6-3 概念设计文件的组成（资料来源：《室内设计实战指南》羽番）

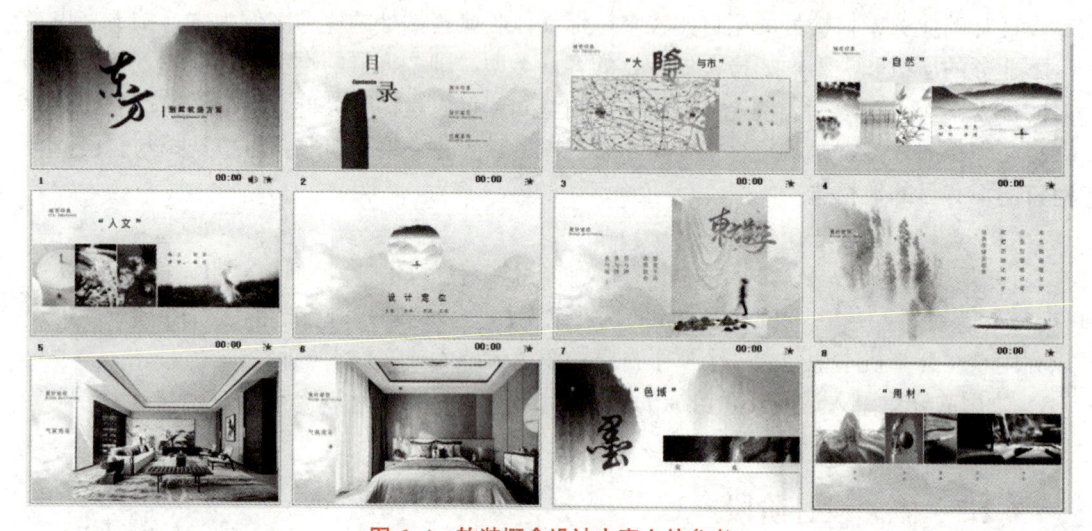

图 6-4 软装概念设计方案文件参考

6.2.3.2 方案的创意设计方法

1. 设置方案主题

设置方案主题是为了通过一个让客户认同的主题故事，来增加仪式感，并能够强有力地说服客户，否则我们的设计就是无根之木、无源之水，很容易落入反复修改方案的境地。

2. 获取创意素材、找到故事主题

获取创意素材、找到故事主题时不仅可以从 Pinterest、Behance、花瓣等网站收集灵感，也可以从同行的作品中获得创造力，还要跳出思维框架，随时关注设计领域的新动态。有时候设计领域之外的事物也同样重要，甚至能带给我们更多灵感。精准定位关键词可以采用以下方法。

（1）联想和想象。
1）接近性联想：如书店→书籍。
2）相似性联想：如爱马仕→宝格丽。
3）对比性联想：传统→现代。
4）仿生性联想：橙色→橙子。

（2）头脑风暴找关键词。头脑风暴法是培养奇思妙想的有效手段，通过大胆想象，可以让人的思维挣脱条条框框的束缚，使大脑活跃、兴奋起来，在脑海中浮现许多有灵感的想法。

【试一试】

团队小组成员使用纸张［或通过 BoardMix（博思白板线上头脑风暴方式）］循环轮流各写下 5 个关于"复古"主题的联想。

3．常见跨界灵感来源

尽管事物千变万化，但都是由点、线、面、体、空间、色彩、明暗、位置、方向等要素所构成的。而艺术是此类元素应用的集大成者，被艺术家们提取精炼过的设计元素在软装方案中用起来更准确，也更容易上手，如与项目同题材的电影、摄影、话剧、时尚、平面设计、纪录片等。

4．评估、筛选定案

收集的灵感需要经过提炼处理。

（1）评估。评估是依据设计调查、市场分析、设计定位、创意、表现和效果等进行质疑评判。质疑要从不同的立足点对各种系统化的设想进行全面的评价，质疑过程要有怀疑一切、"打破砂锅问到底"的精神，提出的质疑越多就越能发现阻碍设想实现的因素。经过全方位分析后，才能在面对客户质疑时有底气。

（2）筛选定案。评估设想结束后，依据各项目设计的标准要求对构思阶段的多个方案经优化选择、评估比较后筛选出 1～3 个创意上占优势的设想，由项目组和负责人组织召开会议并商讨，从中选择一个最佳方案，并将该方案运用到设计之中。

6.2.4 软装报价清单制作

6.2.4.1 划分软装预算比例

在住宅项目中，软装预算超标是非常普遍的，只要做好分配预案（预算方案），就可以避免出现大幅超出预算的情况。当项目资金到账后，需要留出 5%～10% 作为备用金（流动资金），用来应对突发情况。下一步就是把资金拆成几块，做软装产品采购的资金分配。

1．住宅中软装、硬装的资金分配比例

随着人们生活水平的提高，无论是软装还是硬装，空间舒适度都同等重要，软装、硬装的比例也没有统一的标准，软装、硬装费用基本各占 50%，也有软装占 60%、硬装占 40% 的，要根据客户的具体需求确定。因为商业项目、工装项目涉及的因素较多，此处不展开介绍。

2. 软装报价清单分类

从接手项目到前期签合同，软装报价清单一般分为软装预算清单、软装配置清单（给甲方的最终版）、软装采购清单（采购部）等，形式不会有太多变化，不过会涉及核价和部分产品的调整。

3. 软装资金分配比例

软装产品包括家具、灯饰、配饰、地毯、窗帘、画品、艺术摆件、花艺绿植、装饰品等，是软装预算中资金占比最大的部分。在住宅空间的初步预算比例划分中，家具一般占比为70%，灯具占比为7%，窗帘、布艺、地毯、家纺占比为15%，饰品摆件和花艺绿植占比为8%。这一初步预算比例划分根据每个项目具体情况会有浮动，浮动比例为5%～10%。

6.2.4.2 编制软装报价清单方法

一份合格的预算报价应该涉及整个项目的全过程，所有与预算、过程变更相关的文本都需要保存，包含产品单价与总价，以及运输、安装、人工、税费等管理成本。报价清单按照制作的顺序分为单项核价表、单项报价表、项目预算汇总表、合同书、变更联系单、验收单等。

随着市场的不断深化和规范，软装报价体系也在逐渐完善，一般有口碑的设计公司都非常注重公司的形象及职业操守，向甲方提供的软装物料与报价清单高度匹配。

【思政元素融入达成素质目标】通过讲解软装报价清单的编制方法和案例分析，学生形成规范意识、法律意识，并培养诚信经营的观念。

1. 软装报价清单

软装（家具）明细清单分为分项汇总和总体汇总，具体见表6-3。分项汇总的目的是便于对所有产品进行分类盘点，简洁明了，可以作为采购明细清单或到货验收明细单。

表6-3 软装（家具）明细清单

编号：										
采购方：					项目名称：					
联系人：					供应方：					
电话：					联系人：					
传真：					电话：					
订货日期：					传真：					
					预计交期：			45天		
序号	空间	产品名称	图片	材质		单位	数量	单价/元	总价/元	品牌
1	客厅	多人沙发		木+布艺		件	1	18 345	18 345	FINE
2	客厅	双人沙发		木+布艺		件	1	5 296	5 296	
3	客厅	单人沙发		泰国橡胶木		件	1	5 820	5 820	MG
4	客厅	长茶几		揪木实木/月桂树瘤木皮		件	1	5 010	5 010	MG

2. 其他清单

（1）合同附带的采购清单。采购清单作为合同附件具有法律效力，设计单位提供的采购清单必须是完整清单，不能随意粘贴数字、图片，要注明品牌、材质及尺寸等详细信息。

（2）摆场清单。把甲、乙双方签订合同之后的采购清单去掉报价表即为摆场清单。

(3)软装变更联系单。在软装报价清单中要附变更联系单。在方案执行过程中,甲方改动的所有内容,千万不要只有口头承诺,需要负责人签字保留变更凭证,以免后期相关人员否认。在后期验收过程中,软装报价清单与软装变更联系单一同呈交。

(4)软装工程竣工验收单。软装工程竣工验收单需要甲、乙双方签认,代表甲方已经验收、项目已经竣工,可以进入质保阶段。

6.2.5 软装深化设计执行流程

6.2.5.1 深化设计的工作流程

待初次测量、概念方案完成后,便进入深化设计阶段,具体工作流程如图6-5所示。

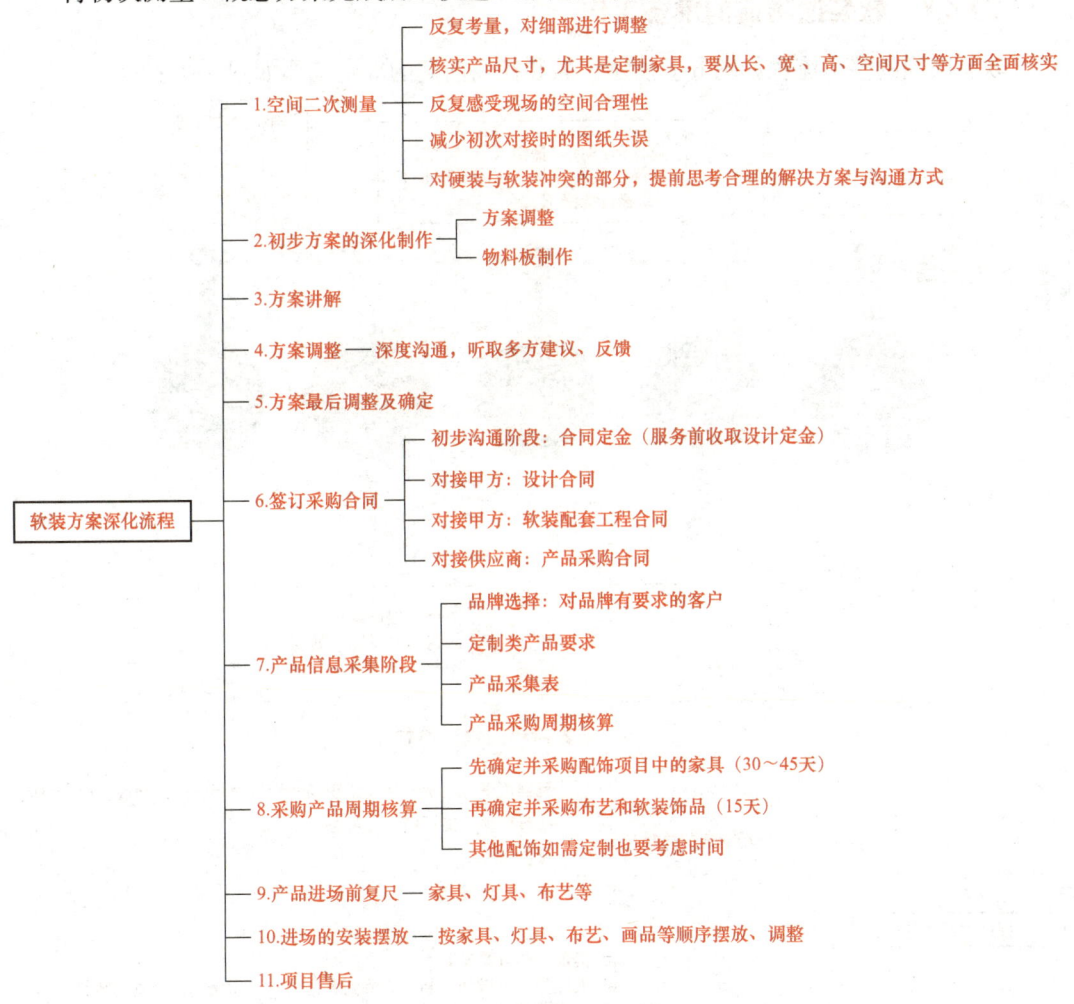

```
软装方案深化流程
├─ 1.空间二次测量
│    ├─ 反复考量,对细部进行调整
│    ├─ 核实产品尺寸,尤其是定制家具,要从长、宽、高、空间尺寸等方面全面核实
│    ├─ 反复感受现场的空间合理性
│    ├─ 减少初次对接时的图纸失误
│    └─ 对硬装与软装冲突的部分,提前思考合理的解决方案与沟通方式
├─ 2.初步方案的深化制作
│    ├─ 方案调整
│    └─ 物料板制作
├─ 3.方案讲解
├─ 4.方案调整 —— 深度沟通,听取多方建议、反馈
├─ 5.方案最后调整及确定
├─ 6.签订采购合同
│    ├─ 初步沟通阶段:合同定金(服务前收取设计定金)
│    ├─ 对接甲方:设计合同
│    ├─ 对接甲方:软装配套工程合同
│    └─ 对接供应商:产品采购合同
├─ 7.产品信息采集阶段
│    ├─ 品牌选择:对品牌有要求的客户
│    ├─ 定制类产品要求
│    ├─ 产品采集表
│    └─ 产品采购周期核算
├─ 8.采购产品周期核算
│    ├─ 先确定并采购配饰项目中的家具(30~45天)
│    ├─ 再确定并采购布艺和软装饰品(15天)
│    └─ 其他配饰如需定制也要考虑时间
├─ 9.产品进场前复尺 —— 家具、灯具、布艺等
├─ 10.进场的安装摆放 —— 按家具、灯具、布艺、画品等顺序摆放、调整
└─ 11.项目售后
```

图6-5 软装方案深化流程

6.2.5.2 深化设计的工作内容

1. 深化方案设计阶段的关键节点

深化方案设计阶段的关键节点包括户型软装优化、核对硬装图纸与色彩材质方案、软

装产品选型、布艺设计方案确认、饰品点位方案确认。

2. 深化方案设计阶段定制类产品对接工作

深化方案设计阶段定制类产品对接工作包括定制家具的对接工作、定制灯具的对接工作、定制地毯的对接工作、定制画品及饰品摆件的对接工作。

3. 软装设计师与硬装设计师的对接

软装设计师与硬装设计师的对接包括项目汇总图纸及资料的对接、安装部分的硬装配合、定制柜体的对接、可移动家具的对接、项目推进中的问题清单对接。

6.2.6 软装摆场

6.2.6.1 软装摆场前的准备工作

软装摆场的整个流程如图 6-6 所示。软装摆场前期的准备工作如图 6-7 所示。

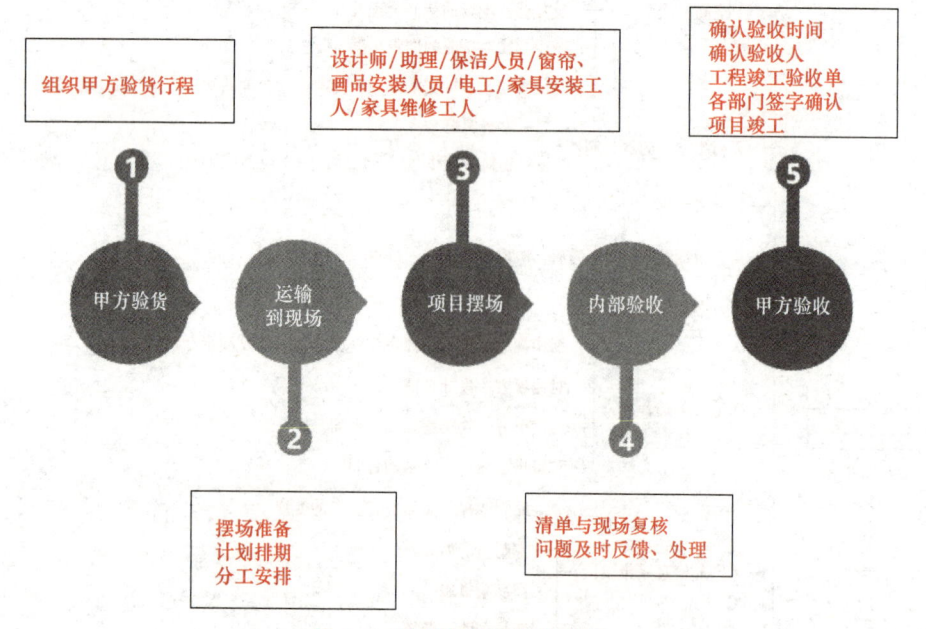

图 6-6 软装摆场的整个流程

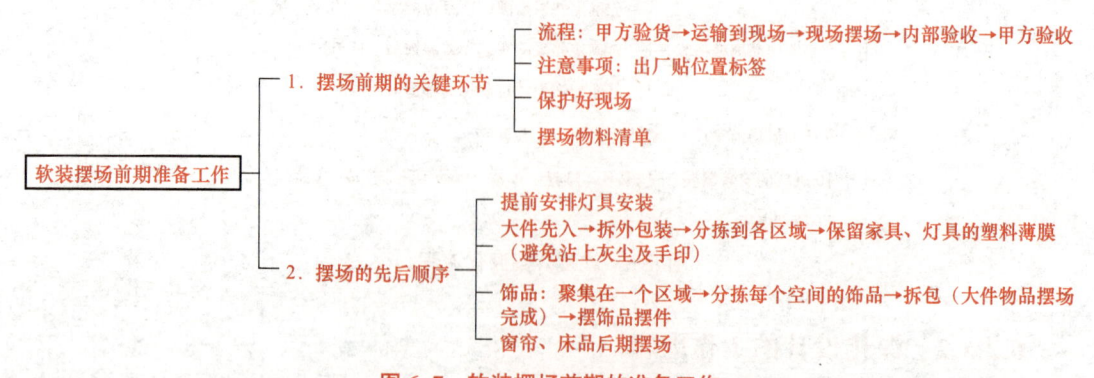

流程节点：
1. 甲方验货 — 组织甲方验货行程
2. 运输到现场 — 摆场准备、计划排期、分工安排
3. 项目摆场 — 设计师/助理/保洁人员/窗帘、画品安装人员/电工/家具安装工人/家具维修工人
4. 内部验收 — 清单与现场复核、问题及时反馈、处理
5. 甲方验收 — 确认验收时间、确认验收人、工程竣工验收单、各部门签字确认、项目竣工

图 6-7 软装摆场前期的准备工作

软装摆场前期准备工作：

1. 摆场前期的关键环节
   - 流程：甲方验货→运输到现场→现场摆场→内部验收→甲方验收
   - 注意事项：出厂贴位置标签
   - 保护好现场
   - 摆场物料清单

2. 摆场的先后顺序
   - 提前安排灯具安装
   - 大件先入→拆外包装→分拣到各区域→保留家具、灯具的塑料薄膜（避免沾上灰尘及手印）
   - 饰品：聚集在一个区域→分拣每个空间的饰品→拆包（大件物品摆场完成）→摆饰品摆件
   - 窗帘、床品后期摆场

6.2.6.2 软装摆场实务

（1）软装摆场的工作要点如图 6-8 所示。

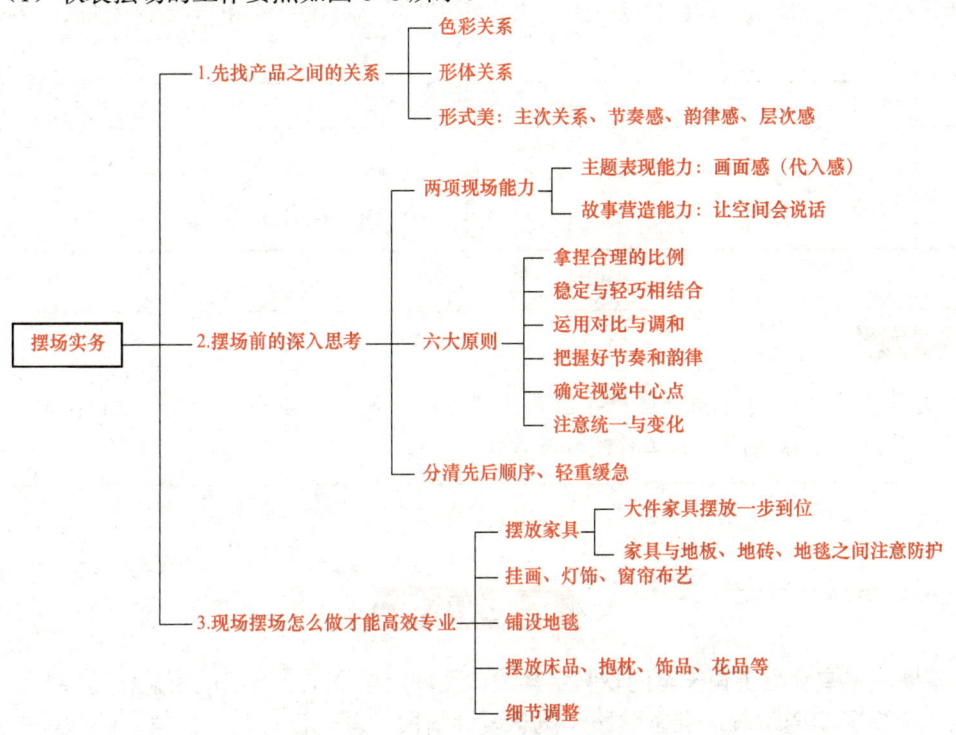

```
                              ┌─ 色彩关系
              ┌─ 1.先找产品之间的关系 ─┼─ 形体关系
              │                     └─ 形式美：主次关系、节奏感、韵律感、层次感
              │
              │                     ┌─ 两项现场能力 ─┬─ 主题表现能力：画面感（代入感）
              │                     │              └─ 故事营造能力：让空间会说话
              │                     │
              │                     │              ┌─ 拿捏合理的比例
摆场实务 ─────┼─ 2.摆场前的深入思考 ─┼─ 六大原则 ──┼─ 稳定与轻巧相结合
              │                     │              ├─ 运用对比与调和
              │                     │              ├─ 把握好节奏和韵律
              │                     │              ├─ 确定视觉中心点
              │                     │              └─ 注意统一与变化
              │                     │
              │                     └─ 分清先后顺序、轻重缓急
              │
              │                                    ┌─ 大件家具摆放一步到位
              │                     ┌─ 摆放家具 ──┴─ 家具与地板、地砖、地毯之间注意防护
              │                     │
              └─ 3.现场摆场怎么做才能高效专业 ──────┼─ 挂画、灯饰、窗帘布艺
                                    │
                                    ├─ 铺设地毯
                                    │
                                    ├─ 摆放床品、抱枕、饰品、花品等
                                    │
                                    └─ 细节调整
```

图 6-8 软装摆场的工作要点

（2）软装摆场的现场协调周期参考见表 6-4。

表 6-4 软装摆场的现场协调周期

收货及搬运	拆包	灯具安装	窗帘安装	家具归位及安装	墙饰安装	保洁	地毯床品归位	手工物品制作（花品等）	饰品陈设	绿植归位
1~3天										
	1~3天									
		1~10天								
			1~5天							
				1~10天						
					1~5天					
						1~2天				
							1~2天			

续表

收货及搬运	拆包	灯具安装	窗帘安装	家具归位及安装	墙饰安装	保洁	地毯床品归位	手工物品制作（花品等）	饰品陈设	绿植归位
							1～2天			
								1～3天		
									1～3天	
										1～2天

【做一做】

学生应通过制作相应思维导图来梳理沟通阶段、准备阶段、概念设计阶段、深化设计阶段及摆场阶段的工作流程及方法。

本模块小结

本模块主要介绍了有关室内软装全案设计落地流程及系统方法的相关理论知识和工作要点，介绍了沟通阶段、准备阶段、概念设计阶段、深化设计阶段及摆场阶段等关键节点，使学生能够对室内软装设计落地工作有整体的把握。

课后思考及拓展

1. 软装落地情境模拟：3～4名同学为一个小组，以设计师、客户的角色，模拟完成软装方案前期准备到后期深化方案的流程，并制作短视频。
2. 模拟项目：新中式风格售楼部样板房的软装布场。

模块 7　室内装饰预算编制

学习情境

设计能否真正落地，除了由空间全案设计的效果决定，还由整个项目的工程装饰预算决定。请问，应如何进行设计项目的工程装饰预算编制呢？

课前思考

1. 现在市场上的装修价格大概处于什么区间？
2. 装饰公司现在常用的预算计价方式是怎样的？
3. 市场上现在占有率最高的装修方式是哪种？

知识目标

1. 了解目前市场主要装修方式的分类和差异。
2. 熟悉住宅装饰工程中的项目构成。
3. 掌握住宅装饰装修工程量的计算方法。

能力目标

1. 能够计算装修工程量。
2. 能够识读列项式装饰工程预算表中的各项内容。
3. 能够关联施工图、效果图、预算表进行住宅装饰工程项目分析。
4. 能够按实际工程项目编制装饰工程预算表。

素养目标

1. 通过分析讲解对比不同装修方式的计价方法，以及通过强调预算编制要求，学生可以树立规范意识、绿色节能与环保经济意识、统筹规划意识。

2. 通过编制任务实施，学生可以培养出发现问题、分析问题并思考解决问题的能力，以及信息收集和组织整理的能力。

思政元素

1. 规范意识、安全意识。
2. 统筹规划意识。
3. 绿色节能环保经济意识。

本模块重难点

1. 重点：市场主要装修方式的分类和差异；住宅装饰工程中的项目构成；住宅装饰工程量的计算方法。
2. 难点：识读列项式装饰工程预算表中各项内容；关联施工图、效果图、预算表进行住宅装饰工程项目分析；按实际工程项目编制装饰工程预算表。

7.1 市场主要装修方式

目前，常用的装修方式主要有包清工、半包、包工包料、套餐和整装五种。这五种装修方式有其各自的特点。装饰预算会因装修方式不同而不同。

7.1.1 包清工

包清工又称清包，指的是业主自己选购所有材料，找装饰公司或者装修工程队进行施工，只支付对方施工费的装修方式。业主选择清包一方面可能是由于资金有限，另一方面可能是因为对装修公司不信任，所以装修全过程亲力亲为。

从理论上讲，清包既可以省钱，又能自己完全掌控材料质量。但是从实际情况看，多数业主在完全不懂材料和施工的情况下，花费了大量的时间和精力，不仅没有省钱，而且还在购买材料过程中上当受骗，买到一些假冒伪劣或者不合格的产品。此外，如果装修质量出现问题，很难说清到底是所购材料质量有问题，还是施工质量有问题，万一出现问题，责权也不容易界定。因此，如果业主对于材料施工不了解，不推荐采用这种方式。但是，如果有足够的精力和时间，又对建材、装饰这一行业非常熟悉，且了解材料的质量、性能和价格，并且擅长砍价，业主就可以考虑采用此方式。

7.1.2 半包

半包是介于清包和全包之间的一种方式，指业主只购买价值较高的主材，如瓷砖、木地板、壁纸、洁具等，而将种类繁杂、价格较低的辅料，如水泥、砂、钉、胶粘剂等交给装修公司提供的方式。

采用半包的方式，主料由业主自己采购能控制装修的主要费用，辅料种类繁多，业主不易搞清楚，由装修公司负责可以省心很多。这样业主能够在一定程度上参与装修，又不用在装修上浪费太多的时间和精力。但半包的人工价格比较高，设计含量高，消费的群体也是相对富裕的客户，对设计要求比较高。目前在装修市场占有率偏低。

7.1.3 包工包料

包工包料是指装修公司将施工和材料购买全部承办，业主只需要购买一些家具、家电等产品即可入住。采用这种装修方式对于业主而言是最省事的，但能不能省心就需要看装修公司的负责程度了。其实这也是国外最常见的装修方式，但因为国内装修市场局面混乱，造成很多的装修问题和事故，也造成了业主对装修公司的不完全信任。因而，目前国内采用这种包工包料的方式并不是市场的主流。采用包工包料方式最重要的是找到一家有良好信誉的装修公司，相对而言，品牌装修公司在这方面会做得更好。

如果没有足够的时间和精力来装修，对装饰材料也不太了解，但对所选装饰公司很信任，而且家里的装饰工程也很复杂，需要购买的装饰材料很多，就可以选择这种装修方式。

7.1.4 套餐

套餐装修就是把材料部分即墙砖、地砖、地板、橱柜、洁具、门及门套、窗套、墙漆、吊顶以及辅料及施工全部涵盖在一起报价。套餐装修的计算方式是用建筑面积乘以套餐价格，得到的数据就是装修全款。以建筑面积为 100 m^2 的户型装修报价为参考，假设套餐价格为 399 元 $/m^2$，则套餐费用如下：

$$装修费用 = 建筑面积 \times 套餐价格$$

即

$$装修费用 = 100 \times 399 = 39\ 900（元）$$

装饰公司采用套餐的初衷是所有品牌主材全部从各大厂家、总经销商或办事处直接采购，由于采购量非常大，又减少了中间流通环节，拿到的价格也全部是低价，把实惠让给消费者。但是实际上套餐是一个很复杂、争议很大的装修方式。一方面，套餐在个性化上有着先天的欠缺；另一方面，有些装饰公司以很低的套餐价格吸引客户，但是在装修工程中不断地增加款项，造成了很多的纠纷。

7.1.5 整装

整装也是在套餐的模式上加了软装，目前选择该方式的业主不多，主要是业主对软装板块不像硬装板块那样好接受，大部分业主选择自己购买沙发窗帘等。

【说一说】

如果你是业主，会倾向选择哪一种装修方式呢？

7.2 住宅装饰工程的项目构成

要做好预算,首先要熟悉室内装饰工程的项目构成,住宅装饰工程包括以下项目。

1. 土建工程

土建工程主要是针对室内装饰工程中对空间改造时进行的拆墙、新建墙体项目。

2. 地面工程

地面装饰工程主要包括地面找平和地砖铺贴等。除地面找平及地砖铺贴外,还有一些特殊工艺的地面装饰工程,如实木地板安装,玻璃地面、地面石材或拼花等施工。

3. 墙面工程

墙面工程主要包括墙面乳胶漆、墙砖及石材铺贴、墙纸和木作造型等施工。

4. 天棚工程

天棚工程主要包括纸面石膏板吊顶、铝扣板吊顶、桑拿板吊顶等。

5. 门窗工程

门窗工程中主要涉及包门套、窗套,做门和窗台板。

6. 水电工程

水电工程主要包括水路改造、强弱电电路改造及防水处理等。

7. 工程管理费

工程管理费理论上是装饰工程公司的主要利润,其收费方式有两种:一是按施工面积收取费用;二是按工程总造价收取。按施工面积收费一般为 50 ~ 100 元 /m^2;按工程总造价则按工程造价的 5% 计费。

8. 其他

其他工程的项目包括设计费、税金等。

7.3 住宅装饰预算计价方式

住宅装饰预算在装修中是非常重要的,也是甲方(业主)与乙方(装饰公司)最关心的环节,甚至可以说,是决定一个项目能否拿下的关键。

7.3.1 传统的住宅装饰预算计价方式

在传统的住宅装饰预算计价模式中,项目类型主要包括地面、顶面、墙面、木工、油漆、水电、安装等方面(表 7-1),相对来说比较笼统。当产生空间的衔接的时候,就不太容易计算了。由此,便产生了按空间来划分的预算计价方式。

表 7-1　室内装饰工程分部分项工程量清单计价表

序号	项目编码	项目名称	计量单位	工程数量	金额/元 综合单价	金额/元 合价
1	020102002001	块料楼地面 1．结合层 2．面层：600 mm×600 mm 抛光砖、优质品 3．白水泥砂浆嵌缝	m²	14.31	190.57	2 727.06
2	020104001001	楼地面羊毛地毯 1．砂浆配合比找平 2．铺设填充层、面层、防护材料 3．装钉压条	m²	41.43	200.67	8 313.76
3	020105006001	木质踢脚线 1．120 mm 高的踢脚线 2．基层：胶合板，规格 1 220 mm×2 440 mm×9 mm 3．面层：樱桃木直纹饰面胶合板，规格 1 220 mm×2 440 mm×3 mm 4．饰面板面油清漆	m²	5.88	169.48	996.54
4	020208001001	柱（梁）面装饰 1．木结构底，饰面胶合板包方柱 2．木龙骨规格 25 mm×30 mm，凹枋杉木龙骨中距 300 mm×300 mm 3．基层：胶合板，规格 1 220 mm×2 440 mm×9 mm 4．面层：樱桃木直纹饰面胶合板，规格 1 220 mm×2 440 mm×3 mm 5．50 mm×10 mm 樱桃木装饰线条 6．木结构基层刷防火漆 2 遍 7．饰面板面油清漆	m²	12.05	115.00	1 385.75
5	020302001001	天棚吊顶 1．吊顶形式：直线跌级 2．木龙骨规格 25 mm×40 mm，凹枋杉木龙骨中距 300 mm×300 mm 3．基层：胶合板，规格 1 220 mm×2 440 mm×9 mm 4．木结构基层刷防火漆 2 遍 5．面层：刮腻子刷白色乳胶漆底漆 2 遍、面漆 2 遍	m²	9.90	80.93	801.21
6	020302001002	天棚吊顶 1．吊顶形式：轻钢龙骨石膏板平面天棚 2．龙骨特征：U 形轻钢龙骨，中距 450 mm×450 mm 3．基层：9 mm 石膏板，规格 1 220 mm×2 440 mm×9 mm 4．面层：刮腻子刷白色乳胶漆底漆 2 遍、面漆 2 遍 5．16 mm 半圆榉木装饰线条 6．木装饰线面油清漆	m²	47.54	116.97	5 560.76

续表

序号	项目编码	项目名称	计量单位	工程数量	金额/元 综合单价	合价
7	020408002001	木窗帘盒 1. 木窗帘盒 2. 实木内侧刷防火漆2遍 3. 实木外刮腻子刷白色乳胶漆底漆2遍、面漆2遍	m²	12.02	61.66	741.15
8	020406007001	塑钢推拉窗 1. ××型材推拉窗，双扇带上亮 2. 单樘尺寸1 960 mm×2 000 mm 3. 铝材壁厚1.0 mm，4.5 mm平板玻璃	樘	5	904.27	4 521.35
9	0204010030001	实木装饰门 1. 基层：杉木条结构底架 2. 面层：樱桃木直纹胶合板，规格1 220 mm×2 440 mm 3. 5 mm平板玻璃，把手门锁 4. 饰面板面油清漆	m²	6.24	321.42	2 005.66
10	020407004001	门窗木贴脸 1. 80 mm×20 mm榉木装饰凹线 2. 装饰线油清漆	m²	4.20	335.52	1 409.18
11	020407004001	石材窗台板 1. 进口大花绿窗台板 2. 石材磨边、抛光	m²	10.36	177.16	1 835.38
12	020509001001	墙纸裱糊 1. 墙面裱糊墙纸 2. 满刮油性腻子 3. 面层：米色玉兰墙纸	m²	49.50	30.24	1 496.88
13	020408005001	百叶垂帘 1. 浅蓝色PVC垂直帘 2. 铝合金轨道	m²	20.43	89.30	1 824.40
14	010302001001	实心砖隔断墙 1. 运砖、运砂粒、拌浆、砌筑 2. 刮平、压平	m²	2.07	222.80	461.20
15	020407004001	筒子板樱桃木饰面 1. 基层：18 mm胶合板 2. 面层：樱桃木直纹饰面胶合板 3. 饰面板油清漆	m²	3.79	94.15	356.83
		合计				34 437.11

7.3.2 装饰公司常用预算计价方式

目前，装饰公司经常使用的预算报价方式是列项式。列项的预算方式一般是以具体的施工项目为分项，并依照不同功能的房间来分类的。在此项目栏包括有项目的单位（一般为米、平方米)、项目数量(工程量)、主材/辅材单价、工艺说明、项目人工费及该项合计费等,见表7-2。单价及人工费会因为地区及材料工艺的不同会有所差异,预算又会因不同装修方式有不同的列项和计价差异。

表7-2 预算表(主、辅材)

序号	装饰工程施工项目	单位	工程计量	单价	机械	人工	损耗	辅料	合计	用材及做法说明	验收标准
1	墙面、顶面基层处理、批灰	m²	100.0	18.0	0	10	0	8.0	1 800	1. 批刮腻子三遍并打磨,原墙面腻子需铲除的另加10元/m²; 2. 若遇砂灰墙/质量差的隔墙须满贴石膏板或重新抹灰另加24元/m² 3. 墙面龟裂须满贴网格布另加4.8元/m²	1. 接缝处须刮嵌缝剂,贴嵌缝带; 2. 对有钉的接点要进行防锈处理; 3. 基层处理完毕后进行测试平整度,光滑、干燥
2	多乐士家丽安乳胶漆	m²	100.0	16.0	0	6	0	10.0	1 600	1. 用量达到厂家标准; 2. 颜色不超过三种(不含白色),每超过一种加150元; 3. 门、窗洞口减半计算; 4. 手扫底漆涂刷一遍;手扫面漆涂刷一遍,找补一遍	1. 使用材料、品种、颜色符合设计要求; 2. 刷面颜色一致; 3. 在自然光线下目测平整; 4. 不允许透底、漏刷、吊粉、反硝、反锈、起皮、咬色、流坠、皱皮等
3	天棚平面造型	m²	15.0	145.0	0	80	0	65	2 175	石膏板造型	
4	600mm×600mm仿古砖	m²	35.0	125.0	0	35	0	100.0	4 725	地砖价格在55元/m²内	
5	阳台地砖	m²	7.0	125.0	0	35	0	90.0	875	1. 砖单价在50元/m²内;(普通300mm×300mm砖) 2. 花纹为石纹仿古砖	表面平整,抹灰无松动、起层
6	仿实木脚线	米	35.0	18.0	0	10	0	8.0	630	仿实木脚线价格在8元/m内	
7	红砖墙或轻质墙拆除	m²	3.0	15.0	0	15	0	0.0	45	轻质内墙,含墙上门窗	
8	拆除原门	个	5.0	60.0	0	60	0	0	300	人工	

在此计价方式中，只需要填写合适的预算表模板，需要处理的项目计算工程量，不需要处理的项目工程量记为 0 即可。如有入户花园，需进行顶面腻子基底处理及抹灰，根据工艺说明不同（如墙面只需批两遍腻子，单价按 20 元 / m^2 计价；如遇石灰墙顶面另补差价 6.5 元 / m^2；如遇水泥毛坯墙顶单价另加 20 元 / m^2；墙顶面开裂及空鼓需铲除原墙顶面再粉刷，费用按 48 元 / m^2 计算；墙顶面掉粉需刷 801 胶，按 23 元 / m^2 计），单价则不同。

有些项目在工艺说明一栏标注"详见施工图"，如端景造型的定价需要在施工图上根据材料、节点、收口等内容进行计价。

> 【比一比】
>
> 你认为哪种预算计价方式更直观，有助于更好地把控整个装饰工程项目？也更方便你通过预算来匹配最合适的服务商或施工方？

【思政元素融入达成素质目标】通过分析讲解对比不同装修方式的计价方法，学生可以树立规范意识、绿色节能环保经济意识、统筹规划意识。

7.4 住宅装饰装修工程量计算方法与公式

7.4.1 墙面涂乳胶漆用量

墙面乳胶漆用量计算（图 7-1）：

$$V = 周长 \times 高 + 顶面积 - 门窗面积 = (a+b) \times 2 \times d + a \times b - 门窗面积$$

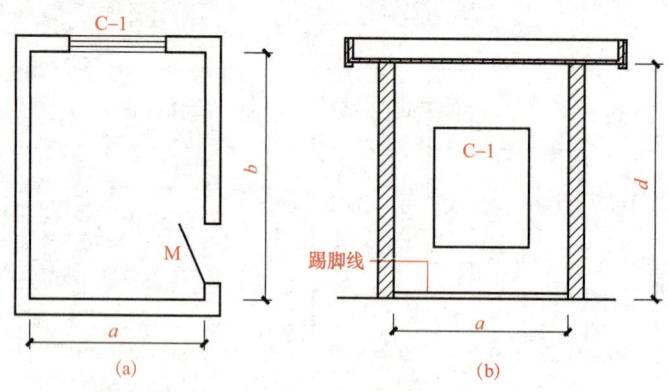

图 7-1 墙面涂乳胶漆用量计算
(a) 平面图；(b) 立面图

7.4.2 地砖铺贴用量

地砖铺贴用量计算（图 7-2）：

$$所需地砖数量（估算）= \frac{a}{c} \times \frac{b}{d} （不能整除向上取整，考虑 5\% 损耗）$$

所需地砖数量（细算）= $a \times b / [(c + 拼缝) \times (d + 拼缝)] \times (1 + 损耗率)$

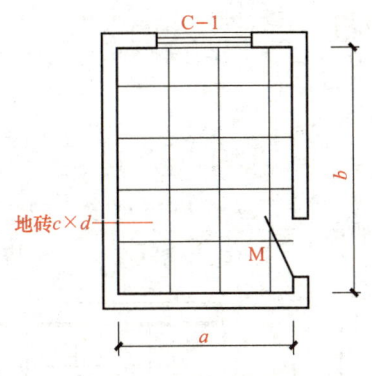

图 7-2 地砖铺贴用量计算

7.4.3 地板铺贴数量

地板铺贴数量计算（图 7-3）：

$$板基层、面层面积 = a \times b$$

所需地板数量估算 = $\dfrac{a}{c} \times \dfrac{b}{d}$（不能整除向上取整，考虑 5% 损耗）

所需地板数量（细算）= $\dfrac{a \times b}{(c + 拼缝) \times (d + 拼缝)} \times (1 + 损耗率)$

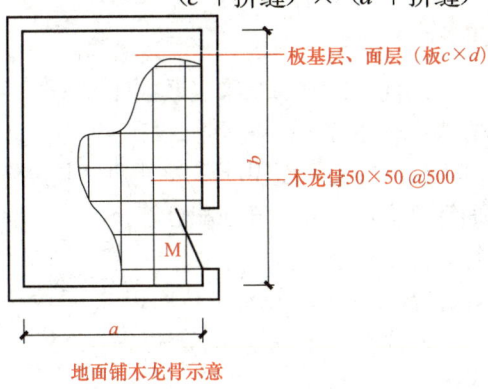

地面铺木龙骨示意

图 7-3 地砖铺贴数量计算

7.4.4 涂料、油漆用量

（1）涂料用量计算：

$$涂料用量 = \dfrac{涂刷面积（m^2）}{1\,kg\,涂刷面积（m^2/kg）} \times (1 + 损耗率)(kg)$$

注：涂料用量计算大多依据产品各自性能特点，以 1 kg 涂刷面积计算，再加上损耗量。

（2）油漆用量计算：

$$油漆用量 = 涂刷面积 \times 遮盖力 \times \dfrac{1}{1\,000}\,(kg)$$

注：遮盖力从涂料产品技术条件中查得。

7.4.5 墙面砖铺贴数量

墙面砖铺贴数量计算（图 7-4）：

所需墙面砖数量（估算）$= \left(\dfrac{a}{c} + \dfrac{b}{c}\right) \times 2 \times \dfrac{d}{e} -$ 门窗面积（不能整除向上取整，考虑 5% 损耗）

$$\text{所需墙面砖数量（细算）} = \dfrac{(a+b) \times 2 \times d - \text{门窗面积}}{(c+\text{接缝}) \times (e+\text{拼缝})} \times (1 + \text{损耗费})$$

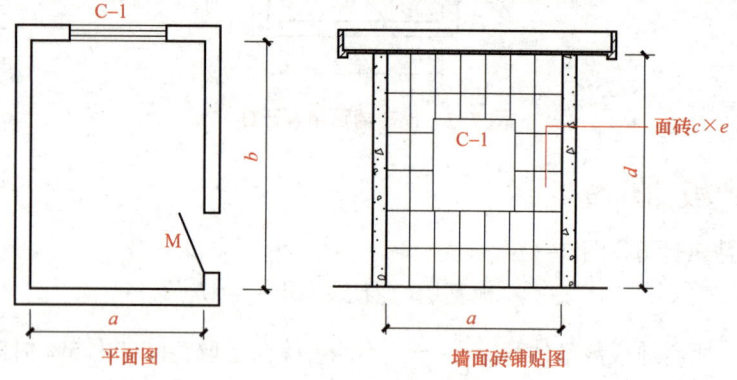

图 7-4 墙面砖铺贴数量计算

7.4.6 刷油漆面面积

刷油漆面面积按刷涂部位的面积或延长米乘以系数计算（图 7-5）。
（1）墙裙油漆面计算方法：长 × 高（不含踢脚线高）；
（2）踢脚线油漆面计算方法（按实际面积计算）：踢脚线长度 × 踢脚线高度；
（3）橱柜、台面油漆面计算方法：以展开面积计算；
（4）窗台板油漆面计算方法：长 × 宽。

$$\text{单层木门油漆工程量} = \text{刷油部位面积} \times \text{系数} = a \times b \times 1$$

$$\text{踢脚线漆工程量} = (a+b) \times 2 \times e$$

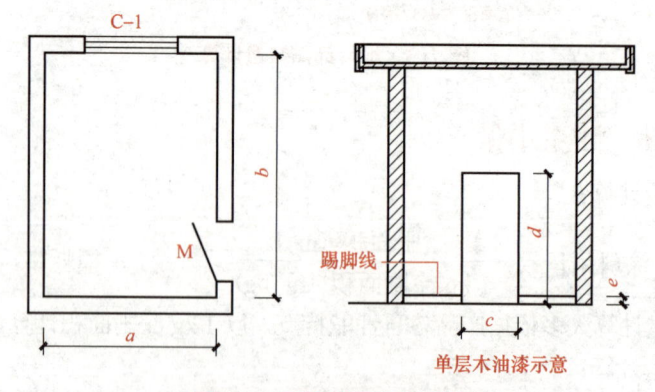

图 7-5 刷油漆面面积计算

7.4.7 吊顶工程量

图 7-6 所示为满吊高低顶工程量计算。

$$吊顶装饰工程量 = 面层 + 吊顶跌落 = a \times b + c \times 4 \times d$$

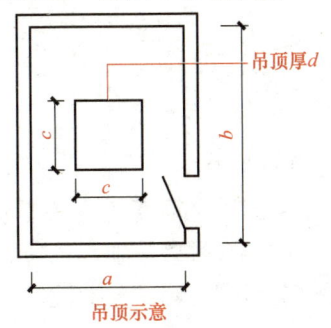

图 7-6 满吊高低顶工程量计算

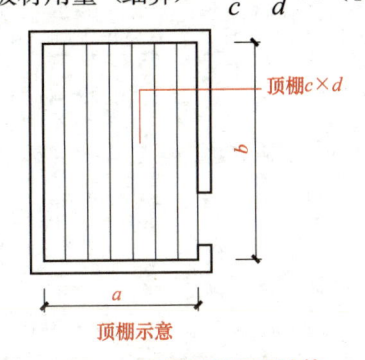

7.4.8 顶棚板材用量

顶棚板材用量计算（图 7-7）：

$$顶棚板材用量（估算） = \frac{a}{c} \times \frac{b}{d} \;(不能整除向上取整，考虑 5\% 损耗)$$

$$顶棚板材用量（细算） = \frac{a}{c} \times \frac{b}{d} \times (1 + 损耗率)$$

图 7-7 顶棚板材用量计算

7.4.9 壁纸、地毯用料

壁纸、地毯用料按以下方式计算：

$$壁纸、地毯用料 = 使用面积 \times (1 + 损耗率)$$

注：损耗率一般为 10%～20%，壁纸斜贴损耗率一般为 25%。

7.5 住宅装饰工程预算编制任务实施

7.5.1 任务描述

任务1 预算表分析任务

1. 任务内容

对图7-8和图7-9中的设计图纸资料（详见电子教学资源附件，含施工图、效果图、预算表）进行分析，明确该装饰工程包含哪些分项，各功能空间用了什么材料、包括哪些施工项目、预算造价为多少，根据分析撰写图文分析报告。

无锡******装饰工程有限公司（装潢报价单）

友情说明：谢谢您给我们一个合作的机会，我们将尽心尽力的为您服务（本预算在未签约之前不可带出公司）

客户姓名：　　　　装潢地址******　　　　房型：　　　　使用面积：
　　　　　　　　　　　　　　　　　　　　　　　公司电话：******　　客户电话：

项目名称	单位	工程量	主材单价	主材合计	辅材单价	辅材合计	人工单价	人工合计	合价	备注
1. 客餐厅										
进门门套基础制作	m	6	12	72	4	24	10	60	156	"福牌"细木工板基础
墙面乳胶漆	m²	70	4	280	1	70	6	420	770	立邦美得丽漆滚涂操作一底两面
墙面批嵌	m²	70	3	210	1	70	6	420	700	三度批嵌、砂皮、中南(801)胶水、石膏粉、腻子等
顶面乳胶漆	m²	28	4	112	1	28	6	168	308	立邦美得丽漆滚涂操作一底两面
顶面批嵌	m²	28	3	84	1	28	6	168	280	三度批嵌、砂皮、中南(801)胶水、石膏粉、腻子等
艺术电视背景	项	1	760	760	90	90	220	220	1070	艺术造型背景墙
造型吊顶	m²	15	65	975	10	150	30	450	1575	9mm石膏板（龙牌），采用法兰干壁钉固定40X25龙骨
进门玄关造型	项	1	520	520	32	32	60	60	612	艺术造型墙
地砖铺设	m²	28	0	0	20	560	20	560	1120	水泥、黄沙、人工
电路部分	m²	28	25	700	6	168	18	504	1372	"远东电缆"国际电线、联通或统统牌pvc线管、照明线1.5平方，插座线2.5平方柜机4平方
小计									7963	
2. 阳台										
门套基础制作	m	6.5	12	78	4	26	10	65	169	"福牌"细木工板基础
地砖铺贴	m²	7	0	0	20	140	20	140	280	水泥、黄沙、人工
墙砖铺贴	m²	18	0	0	20	360	20	360	720	水泥、黄沙、人工
顶面乳胶漆	m²	7	4	28	1	7	6	42	77	立邦美得丽漆滚涂操作一底两面
顶面批嵌	m²	7	3	21	1	7	6	42	70	三度批嵌、砂皮、中南(801)胶水、石膏粉、腻子等
水路排放	间	1	520	520	25	25	200	200	745	金德牌PPR6分热水管、含开槽热熔接
电路部分	m²	7	25	175	6	42	18	126	343	"远东电缆"国标电线、联通或统统牌pvc线管、照明线1.5平方，插座线2.5平方柜机4平方
小计									2404	
3. 卫生间										
门套基础制作	m	12	12	144	4	48	10	120	312	"福牌"细木工板基础
地砖铺贴	m²	3.5	0	0	20	70	20	70	140	水泥、黄沙、人工
墙砖铺贴	m²	20	0	0	20	400	20	400	800	水泥、黄沙、人工
地面做防水	项	1	120	120	85	85	70	70	275	美德兰专用防水涂料
包管子	根	2	50	100	15	30	30	60	190	砖块、水泥、黄沙、人工
敲墙	项	1	0	0	0	0	210	210	210	人工（如须切墙，费用另计）
砌墙	m²	4.2	60	252	15	63	30	126	441	砖。水泥、黄沙、人工
卫生间水路排放	间	1	520	520	25	25	200	200	745	金德牌PPR6分热水管、含开槽热熔接

图7-8 项目案例预算表及施工图

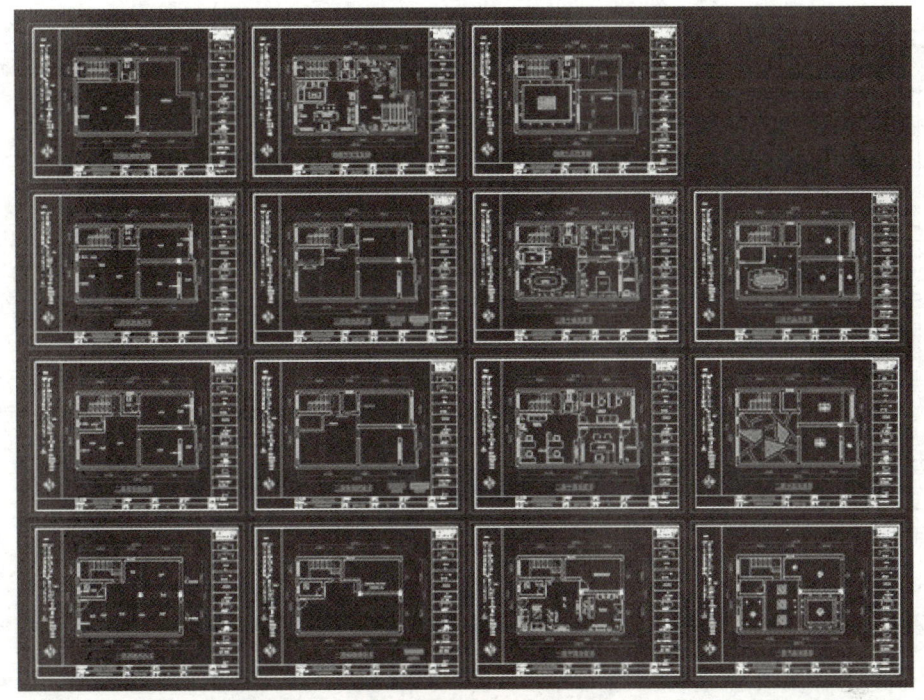

图7-8 项目案例预算表及施工图（续）

图7-9 项目案例效果图

2．提交文件及要求

提交文件及要求见表7-3。

表7-3 提交文件及要求

序号	功能空间	施工项目及材料工艺	预算报价	示意图（效果图/施工图）
1	客餐厅及过道	1．800 mm×800 mm 地砖铺设（含损耗） 2．瓷砖踢脚线铺设（含损耗） 3．瓷砖踢脚线墙面开槽 ……	17 584.22	

续表

序号	功能空间	施工项目及材料工艺	预算报价	示意图（效果图/施工图）
2				
3				

任务2　预算表编制任务

1. 任务内容

根据选用的不同装修方式的预算编制模板，以及本组设计项目的实际施工项目、材料工艺的选用情况及工程量，编制本组设计项目的装饰工程预算表。

2. 提交文件及要求

按不同装修方式的预算表模板进行预算编制，注意与实际对应工程的项目有无增减，要求翔实准确，以控制预算浮动幅度，从而减少实际施工的损耗。

【思政元素融入达成素质目标】通过强调预算编制要求，学生可以培养规范意识、绿色节能环保经济意识、统筹规划意识。

7.5.2　评价考核标准

对任务1和任务2进行综合评价，室内装饰预算编制任务评价考核标准见表7-4（仅供参考，可根据实际授课情况调整）。

表7-4　室内装饰预算编制任务评价考核标准

课题：室内装饰预算编制		班级：		组别：			姓名：			
评价元素		评价主体								
		成果（60%）					过程（30%）		增值（10%）	
		组间互评（10%）		组内互评（10%）		师评（20%）	企业评价（10%）	机评（10%）	师评（20%）	机评（10%）	师评	
											完成拓展任务（10分）	完善课堂任务（6分）
		线上	线下	线上	线下	线上	线下						
知识	了解目前市场主要装修方式的分类和差异，熟悉住宅装饰工程中的项目构成							√	√				
	掌握住宅装饰装修工程量的计算方法								√				

续表

评价元素		评价主体										
		成果（60%）						过程（30%）			增值（10%）	
		组间互评（10%）		组内互评（10%）		师评（20%）		企业评价（10%）	机评（10%）	师评（20%）	机评（10%）	师评	
		线上	线下	线上	线下	线上	线下					完成拓展任务（10分）	完善课堂任务（6分）
技能	能计算装饰装修工程量								√				
	能识读列项式装饰工程预算表中各项内容								√				
	能关联施工图、效果图、预算表进行住宅装饰工程项目分析		√		√		√			√		√	√
	能按实际工程项目编制装饰工程预算表		√		√		√			√			√
素质	在实际工作中分析问题、解决问题的能力	√		√			√			√		√	√
	较强团队合作意识	√					√			√		√	√
	工匠精神，精益求精的工作态度	√		√			√			√		√	√
得分													

▲ **本模块小结** ▲

本模块主要讲述了市场主要的装修方式分类及差异，介绍了装饰工程的项目构成、预算计价方式及装修工程量的计算方法，并通过结合施工图、效果图进行住宅装饰工程项目案例预算表分析及装饰工程预算表的编制实操，学生学习之后，可以为今后的工作提供理论基础和可操作经验。

▲ **课后思考及拓展** ▲

1. 课外调研：软装设计自成体系，查一查软装报价清单与常见的预算报价清单有什么区别。

2. 拓展思考：在施工图绘制完成后，可以根据施工图纸及现行预算定额、地区材料、人工等预算价格编制预算，想一想在此装修工程施工图预算编制阶段可以如何有效控制预算造价。

参考文献

[1] 高鹏，陆斌．建筑装饰设计［M］．北京：中国水利水电出版社，2016．

[2] 王文汇，杨雪．建筑装饰设计（上册）［M］．北京：北京邮电大学出版社，2016．

[3] 齐亚丽，田雷，王雪莹．建筑装饰设计原理［M］．2版．北京：北京理工大学出版社，2015．

[4] 李宏．建筑装饰设计［M］．北京：中国建筑工业出版社，2018．

[5] 花西，朱小斌．住宅设计户型改造大全 平面布局思维突破［M］．武汉：华中科技大学出版社，2022．

[6] 羽番，梅娜，朱小斌．室内设计实战指南（软装篇）［M］．武汉：华中科技大学出版社，2021．

[7] 鲍亚飞，熊杰，赵学凯．室内照明设计［M］．镇江：江苏大学出版社，2023．

[8] 陈郡东，赵鲲，朱小斌，等．室内设计实战指南（工艺、材料篇）［M］．桂林：广西师范大学出版社，2021．

[9] 孙晓红．建筑装饰材料与施工工艺［M］．北京：机械工业出版社，2013．

[10] 何明，肖娟，倪嘉怡．数智化赋能产教融合的艺术类教学创新路径探究——以住宅室内设计课为例［J］．美术教育研究，2023（5）：150-152．